U0539336

機器中的惡魔

從薛丁格的提問到資訊創造生命

THE DEMON IN THE MACHINE

How Hidden Webs of Information
Are Solving the Mystery of Life

PAUL DAVIES 保羅・戴維斯 ——著　林麗雪——譯

推薦文
生命方程式
——回答薛丁格與費曼的提問

高涌泉 台大物理系教授

　　理論物理學家理查・費曼（Richard Feynman）在其著名的三大冊《費曼物理學講義》中第二冊末尾，有這麼一段話：「當下一回人類智性覺醒的偉大時代來臨，人們很可能發展出一種方法，它可以讓我們理解方程式的定性內涵。這是人們今天還做不到的事。今天我們不知道水流方程式是否能夠解釋在兩個轉動圓柱體間的流體，可以呈現如同理髮廳外三色旋轉燈的紊流結構。我們也不知道薛丁格方程式是否能夠解釋青蛙、音樂作曲家、以及道德，或者是不能夠。我們不知道要瞭解這些事情，是否需要超越物理方程式的東西，例如上帝，或是不需要。所以，我們目前還有餘地，可以各自認定我們需不需要超越物理的東西。」（這套書是由 1961-1963 年間費曼在加州理工學院上課的演講錄音整理而成）

　　對於費曼六十多年前的這個大哉問，科學家至今仍在奮鬥，譬如說，我們仍然尚未完全掌握「水流方程式」與「紊流結構」的關係。但是其中關於「薛丁格方程式」能否解釋「青蛙」的這一小部分（費曼所謂的「薛丁格方程式」與「青蛙」所指涉的當然就是「量子物理」與「生命現象」），《機器中的惡魔》這本書倒是給了

肯定的答覆（只要我們在量子物理之外附加一兩點可理解的科學概念）。我相信費曼自己在當時已經傾向這樣的結論，只是他還沒有十足把握。

本書作者保羅・戴維斯也是理論物理學家，不過他在書中並沒有提到費曼，而是將問題的來源歸於量子力學大師薛丁格（Erwin Schrödinger）在1944年出版的《生命是什麼？》（What is Life?）一書。此書的第一部分收錄了薛丁格在1943年二戰期間於愛爾蘭三一學院所作的、以「生命是什麼」為題的系列演講文字稿。費曼應該也是讀過《生命是什麼？》，才會刻意提及「青蛙」。我之所以引用費曼那段話，是因為費曼以鮮明易解的比喻挑明了問題，並讓我們知道在薛丁格出書之後二十年，仍有大科學家不敢宣稱已經理解生命是怎麼回事。薛丁格在《生命是什麼？》中論證了攜帶遺傳資訊的基因是一種「非週期性晶體」，而首先破解DNA雙螺旋結構的華生（James Watson）與克里克（Francis Crick）二人都說他們受到了薛丁格此書的啟發。這是《生命是什麼？》最重要的歷史貢獻。但是薛丁格在書中第六章〈有序、無序、熵〉中，關於「有機體靠『負熵』維生」的主張，卻受到批評，被認為有缺失。

作者戴維斯通曉在《生命是什麼？》一書之後八十年間，總總關於生命的物理、化學、生物、資訊研究，所以信心十足地在第一章就提出了以下的生命方程式（我以為這個方程式等式右邊的加號若改為乘號其實會更恰當）：生命 ＝ 物質 ＋ 資訊

首先，生命必須依附於遵循物理定律（由原子、分子所構成）

的物質,這是毋庸置疑的。其次,生物必須能夠繁殖、能夠複製遺傳資訊並轉遞給下一代,這些資訊的儲存與傳遞都是在分子層次進行(戴維斯強調「區別生命和非生命的東西就是資訊」)。量子物理的功勞就是解釋了遺傳資訊儲存的穩定性,這些知識是薛丁格已經深刻理解的。戴維斯超越薛丁格之處在於他能夠從資訊的角度,對於生物體內複雜的化學反應功能(新陳代謝、DNA複製等),給出一個完備的解說,進而修正並彌補《生命是什麼?》第六章的缺失。戴維斯的切入點,是電磁學大師馬克士威於熱力學上創造的一項奇怪發明。

馬克士威在1871年曾設想有一個小東西,它很聰明,可以非常敏銳地判定周圍氣體分子的速度。如果我們將這個小東西放進一個密封盒子,裡頭裝有已經處於熱平衡狀態的氣體分子,然後在盒子中間插入一個隔板,並在隔板中央鑿一個小孔,讓這個小東西守在小孔旁。一旦有氣體分子靠近,它就判斷其速度,將速度低的分子撥進左側,將速度高的分子撥進右側。一段時間之後,箱子左邊的溫度就會低下去,右邊就會高起來,如此一來氣體原本的熱平衡狀態就被打破了,也就是說熱力學第二定律被違背了!後來馬克士威的好友克耳文爵士(Lord Kelvin)用「馬克士威的惡魔」來稱呼這個可以擊敗第二定律的小東西。

戴維斯說馬克士威的小惡魔的本事其實就是收集資訊(即氣體分子的速度),所以資訊這個抽象概念便如此地出現於熱力學之中,也就是說,資訊和能量、功、熵等熱力學概念一樣,是具有物理意義的東西。戴維斯介紹了許多當代研究,指出生命體的細

胞內有很多奈米尺寸的東西，能夠和小惡魔一樣，操弄資訊與能量，生命現象完全依賴這些奈米級機械不休止地運作。薛丁格與費曼是不知道這些事的。有人可能要追問，難道神聖的熱力學第二定律真的失效了嗎？其實不是如此，讀者可以在本書中看到戴維斯對此更深入的說明。

薛丁格的《生命是什麼？》也收錄了他在 1956 年於劍橋三一學院所給的以「心靈與物質」為題的系列演講的文字稿。從題目可知，薛丁格探討的是人類的意識與心靈如何可能起自物質。費曼提到的「音樂作曲家以及道德」所指涉的應該也是類似的問題（無論青蛙有無心靈，作曲家總應該有吧）。「意識與心靈」當然是比生命更為麻煩的難題，但是戴維斯在本書第七章〈機器裡的幽靈〉對於這主題做了一些探究，也能讓讀者認識對於大腦與心靈之關係的一些新研究。

自古以來，思索過生命究竟是什麼回事的人，不計其數。但是直到上世紀四十年代初，薛丁格用了當時最新的量子力學與統計力學來探究，我們對於生命的了解才走上正途。從薛丁格至今，又過了八十餘年，關於生命現象的知識，又增長了不知多少倍。要將這些知識梳理清楚，把當前科學家對於生命現象的最佳觀點介紹給一般人，絕非易事，物理學家戴維斯居然能夠成功做得到這一點，寫出《機器中的惡魔》，我要為他鼓掌。

導讀
生命的祕密：DNA沒說完的故事

鄭原忠 台大化學系教授，量子開放學院創辦人

我們故事從 1953 年 2 月 28 日在英國劍橋市中心的 The Eagle 酒館說起。這家酒館是劍橋大學科學家和學生經常聚會的地點，牆上掛著舊飛官的照片，天花板甚至還有二戰飛行員用火柴燒出的塗鴉。那一天中午，空氣裡應該瀰漫著炸魚薯條與啤酒花的氣味，沒有人知道一場極不尋常的科學事件正在發酵。兩位身形瘦長、略顯毛躁的年輕人踏進了酒館，克里克和華生。他們不是這裡最顯赫的學者，甚至還不算傳統意義上的「遺傳學家」。但當菜還沒上桌，克里克已經難掩興奮，站起來大聲宣布：「我們發現了生命的祕密！」

整個酒館正在埋頭用餐的人們突然一陣騷動，有人驚訝，有人發笑，也有人一臉茫然地看著這對過於激動的「怪人」。他們發現的，是 DNA 的結構——一種前所未見的雙螺旋分子，能夠儲存遺傳資訊、複製自己、甚至因為錯誤發生演化。這無疑的是一場科學革命，而它的靈感，竟來自一位完全不懂生物學的理論物理大師。

曾與愛因斯坦齊名的量子力學巨擘薛丁格在 1943 年曾經在

愛爾蘭都柏林三一學院發表了一系列大膽的公開演講，內容後來編成了一本名為《生命是什麼？》的薄薄小書。身為波函數與「薛丁格貓」思想實驗的創造者，他對化學一竅不通，更不知道DNA這種分子的存在。儘管如此，他卻在《生命是什麼？》中僅僅透過邏輯推論就大膽地提出：生命的本質不是靠某種神祕的生命力，而是來自某種嵌入分子結構的「遺傳程式碼」（hereditary code-script）──一種控制秩序、對抗混亂的有序資訊，讓生物體可以打敗熱力學的法則而發展出高度結構化與複雜的生命機制。

華生當時還只是個年輕的生物學研究生，讀到薛丁格的書時受到了重大的啟發。他後來回憶：「生命能以一份寫著祕密代碼的說明書延續下去，這個想法深深吸引了我。」於是，他隨後選擇加入克里克的研究團隊，透過物理學與X光繞射實驗，兩人攜手踏上破解遺傳密碼之路，最終在那間老酒館裡，向世界揭露了這個「遺傳編碼說明書」的樣貌。

在《機器中的惡魔》這本書中，你會讀到關於《生命是什麼？》以及DNA結構故事的詳細內容，不僅如此，本書的作者戴維斯還沿著這條路徑，試圖將問題推得更深更遠。戴維斯是一位博學的理論物理學家，他的研究橫跨宇宙學、量子物理、熱力學與生命科學，也是多本暢銷科普書的作者。早在《宇宙的藍圖》（*The Cosmic Blueprint*, 1988）與《第五奇蹟》（*The Fifth Miracle*, 1998）等作品中，戴維斯就曾探討秩序如何自混亂中突現、資訊是否可能是生命的基本單位等重大課題。到了這本《機器中的惡魔》，他彙整三十年的思索與研究，透過大量的推理與實驗證據，

說明我們應該將「生命的軟體」視為一種根植於自然法則深處的現象，其祕密應該藏於「資訊」如何塑造物質、組織秩序、甚至逆轉熵增的過程之中。

從 DNA 結構被揭示以來，分子生物學進入了前所未有的黃金年代。我們逐步瞭解基因如何複製、轉錄、翻譯，掌握了生命作用機制中那條從「密碼」到「蛋白質功能」的轉換路徑。這條路徑不僅揭開了遺傳疾病的成因，也讓我們能夠創造出更精準的藥物，甚至用於癌症的標靶治療。而這些突破，無一不是建立在「遺傳資訊」概念的深刻理解之上。

戴維斯主張「生命＝物質＋資訊」，但有別於華生與克里克的遺傳編碼，戴維斯強調的資訊不是死板、靜態的 DNA 序列，而是能夠運作的結構邏輯，可以在不同生物作用層次上彼此互動、修正、學習。這些資訊不是只「存在」，而是具有因果效力，能夠控制化學反應、調整代謝、啟動遺傳變異、建立神經迴路、甚至維持整體系統在熵增法則之下的秩序。簡言之，資訊不是生命的附屬品，而是維持生命生生不息的控制台。

這樣的資訊，竟然還展現出讓物理學家也感到驚嘆的效率。蘭道爾（Rolf Landauer）發現，在資訊處理中，耗能的其實不是計算與測量，而是「資訊的抹除」——也就是讓過去的資料從系統中消失時，會不可避免地釋放出熱量。這不只成為低耗能電路設計的基礎（讓今天的手機不至於一運算就過熱），更令人驚奇的是，生物早已演化出近乎極限的熱力學效率：我們的大腦每秒鐘進行數十億次計算，但耗能遠比一台筆電還少。若非如此，人類可能

早在發展語言前就因過熱而腦毀。

但若僅止於此,仍無法說明為什麼生命會展現出強大的適應力、可塑性與主動性,更驚人的是,生物資訊還具備自我調控與跨代傳遞的能力。表觀遺傳學的發展讓我們瞭解到,基因的表現會根據環境壓力進行動態調整,這些資訊還能遺傳給後代。戴維斯認為這說明了生命的資訊不只是 DNA 的靜態序列,而是動態、可適應、具歷史記憶的結構網絡。

戴維斯強調,蘭道爾所主張的「資訊是物理的」在這裡展現出了前所未有的穿透力。資訊不只是用來描述世界的語言,它是一種具有「因果力」的存在:它可以讓某些結果發生、而抑制其他結果的出現。這與牛頓力學中的力不同,它不是一個可見的推擠,而是一種邏輯上的必然路徑,是生命體內無數條決策路徑中資訊的分流與加總。當你細胞裡的一個基因決定要不要啟動、要做哪種蛋白質,這個選擇背後的邏輯,早已是由細胞的環境、記憶、甚至上代遺留的資訊共同決定的。

長久以來,科學家嘗試用複雜度與突現性(emergence)來解釋生命如何從非生命中冒出頭來,因而把生命的特殊表現歸因於生物體中呈現的化學分子以及化學反應的複雜度,關於生物資訊的觀察,讓我們不得不思考:難道生命不只是化學上的複雜?是否還有一層資訊的複雜性?關於這一點,本書中有一段令人印象深刻的比喻。戴維斯引用拉贊比克(Yuri Lazebnik)的文章〈生物學家能修理收音機嗎?〉,說明如果我們只專注於分子間的交互作用以及其中複雜的生物化學,很可能就像試圖修理收音機、卻

只研究控制每顆電晶體的物理定律，終究會徒勞無功。要修好收音機，你得懂的是電路學，而不是量子力學。

這正是本書在本質上對「生命是什麼」這個問題的顛覆：我們需要的不只是更精細的分子機制，而是一套能夠描述整體資訊結構與運作邏輯的語言。

戴維斯相信，在化學複雜性的深處，可能潛藏著一套描述生命資訊運作的簡單而普遍的規則，因此這本書的本質不是在批判強調化學原則的錯誤，而是在於指引一個通向解答的有效方向。這些規則可能像程式語言一樣，有其指令集、有其邏輯架構、有其模組的呼叫機制，只不過這些程式碼不是人類寫出來的，而是演化寫出來的。這就是他所說的「繪製生命的軟體迴路」：一幅跨越分子、生理與行為的資訊網路藍圖。

在書的後段，戴維斯將這些觀點延伸至兩個極具挑戰性的領域：量子現象在生物中的角色，以及生命的起源。他探討是否在生物體內存在量子運算般的現象，例如鳥類如何藉由量子疊加態導航，或光合作用如何用近乎百分之百的效率傳遞能量。而在生命起源問題上，他提出資訊的突現可能早於基因，資訊架構可能是第一個生命的核心。這些觀點都為理解生命打開了新的視野。

除了理論建構，本書還引用了大量最新實驗成果：從系統生物學繪製的蛋白質互動圖譜，到證實壓力可透過表觀遺傳方式遺傳的研究、免疫系統的學習與記憶機制、病毒與轉錄子重構基因資料庫的能力……這些研究提供了實證支持，也讓我們更貼近一種整體性、動態性的生命理解。

最後，我想分享一個我自己的觀點。如果你曾學過寫程式，就會知道一個程式語言的指令數量通常不多。再怎麼複雜的程式，也都是幾個指令的反覆堆疊排列而已，拿到一段程式碼的時候，若只是一行行分別分析程式碼中用到的語法，甚至去研究指令如何對應到機器層級的操作，那你一定不可能真正理解那段程式的邏輯或功能。唯有從模組的互動關係、從邏輯架構中找出運作的原則，你才能理解「這段程式碼在做什麼」。對我而言，戴維斯在本書中所闡述的正是如此：要理解生命，我們不能只看「化學語法」，還要同時去理解那背後的「生命語言邏輯」。

這本書的標題《機器中的惡魔》來自馬克士威的思想實驗，那是一個關於資訊與熱力學的寓言。今天，我們終於意識到，這「惡魔」可能早就住在我們的細胞裡了。他不是破壞者，而是掌控資訊、建立秩序的生命精靈。

讀完這本書，你也許會開始重新思考克里克在 The Eagle 酒館喊出的那句話的真實意義：「我們發現了生命的祕密。」答案也許並不只藏在 DNA 的雙螺旋中，更藏在它如何運算、如何記憶、如何設計未來的能力裡。而這，就是資訊之於生命的真正魔法。

「人們至今依然非常好奇……想要更清楚地理解，在物理和化學上表現出有序、可複製而相對簡單特性的物質，一旦被納進活生生的生物體範疇，如何以最驚人的方式排列自己。越是仔細觀察這些物質在生物體中的表現，這場演出就越是令人讚嘆。最微小的活細胞轉眼成為了神奇的拼圖盒，充滿了複雜而不斷變化的分子……」

——德布呂克（Max Delbrück）[*]

---

[*] Max Delbrück, *Transactions of The Connecticut Academy of Arts and Sciences*, vol. 38, 173–90（December 1949）

目次 Contents

推薦文　生命方程式——回答薛丁格與費曼的提問　　高涌泉　003
導　讀　生命的祕密：DNA沒說完的故事　　　　　　鄭原忠　007

前言　　　　　　　　　　　　　　　　　　　　　　　　017

第一章　生命是什麼？　　　　　　　　　　　　　　　　023

科學家常常淡化理解生命的本質和起源是件多麼困難的事情。活生生的有機體有自己的目標和目的，原子和分子只是盲目地遵循物理定律。其中，區別生命和非生命的關鍵，就是資訊。

第二章　進入惡魔之身　　　　　　　　　　　　　　　　051

「馬克士威惡魔」可以透過操作分子運動違背自然法則，免費將無序的熱量轉化為有用的功——這個悖論不僅關係到我們對於熱的理解，也揭示了物理系統與資訊之間的緊密聯繫，把抽象的資訊與分子物理學連結了起來。

第三章　生命的邏輯　　　　　　　　　　　　　　　　　097

生物資訊不僅充滿在細胞物質內，更是控制和組織化學生物活動的方式，正如程式控制電腦一般。在複雜化學反應的背後，隱藏著一張計算機邏輯的網。生命需要一種能將純粹的計算，轉變為可複製的物理構造的過程。

第四章　達爾文主義 2.0　　　　　　　　　　　　147

達爾文的演化論在 20 世紀中期與遺傳學和分子生物學結合，將複製 DNA 產生的隨機錯誤作為驅動天擇的基因變異機制。直到二十年前，形態發生研究和表觀遺傳開始動搖這種簡單的演化觀點，帶來長著兩顆頭的扁蟲，可控的 DNA 失誤，甚至有關癌症起源的新觀點。

第五章　幽靈般的生活和量子惡魔　　　　　　　189

在混亂且高溫的生物世界中，看似不會發生那些在先進物理實驗室中才能實現的「詭異」量子效應。但透過生物分子微妙的臨界導電性、綠硫菌高效的光合作用和鳥類神祕的磁場感知能力，我們可以知道生物確實發現了量子優勢，並抓住了它。

第六章　幾乎是個奇蹟　　　　　　　　　　　　217

生命體實現了打破熵的壯舉，透過收集、處理資訊，並將其導向有目的性的活動，從分子混亂中召喚出秩序。但科學界尚未解答的最大問題是，這種獨特的安排一開始如何產生？單靠化學不足以解釋生命，我們還必須解釋有組織的資訊模式的起源。

第七章　機器裡的幽靈　　　　　　　　　　　　　　239

隨著神經科學的發展，今天人們更願意將人視為一個單一的整體，傳統身心二元論中的心靈被稱為「機器中的幽靈」。如果大腦神經迴路中流動的資訊能以某種方式產生意識，那麼心靈也必須與大腦中的物質活動連結在一起。

結　語　　　　　　　　　　　　　　　　　　　269

生命的遊戲會隨著自身的狀態改變規則，這使生物學難以符合物理學傳統概念上「不變的定律」的規範。為了解釋生命，我們需要一些全新的東西，也就是新的物理學。

延伸閱讀　　　　　　　　　　　　　　　　　281
注釋　　　　　　　　　　　　　　　　　　　287

前言
Preface

有很多書在探討生命的作用（what life does），但這本書要探討的是生命是什麼（what life is）。究竟是什麼因素讓有機體起作用，是什麼因素使生物能夠做到如此驚人的事，而且遠遠超越非生物物質所能做到的——我對此著迷不已。其中的差異究竟來自何處？即使是一個毫不起眼的細菌，也能完成非常令人讚嘆、令人炫目的事情，沒有任何人類工程師可以與之匹敵。生命看起來就像魔法，其奧祕被難以穿透的複雜性所掩蓋。過去幾十年來，生物學的重大進步只是加深了這個奧祕。是什麼因素賦予了生物如此神祕的**活力**，使它們有別於其他的物理系統，顯得如此出色而特殊？而所有的這些特殊性，一開始又是從何而來？

這是個複雜的問題，也是個大問題。在我工作生涯的大部分時間裡，我一直全神貫注於這些問題。我不是生物學家，我是一名物理學家和宇宙學家，所以我解決重大問題的方法是避開大部分的技術問題，專注在基本原理之上。這就是我在這本書中做的事。我試圖專注於真正重要的謎團和概念，企圖回答一個急迫的問題：**生命是什麼**？我絕不是第一個問這個問題的物理學家；我

以偉大的量子物理學家薛丁格（Erwin Schrödinger）在三個世代之前發表的，題為「生命是什麼？」的一系列著名演講作為起點，回答這個被達爾文迴避的問題。然而，我認為，我們現在正處於一個可以回答薛丁格問題的臨界點上，而這個答案也將迎來一個全新的科學時代。

物理學和生物學（原子與分子領域與活生生的有機體領域）之間存在著巨大的鴻溝，如果沒有根本上全新的概念，是無法彌合這道鴻溝的。活生生的有機體有自己的目標和目的，是數十億年演化的產物，但原子和分子只是盲目地遵循物理定律。然而，無論如何，有機體必定來自於原子與分子。儘管科學界普遍承認我們需要重新理解生命為**一種物理**現象，但科學家常常淡化全面理解生命的本質和起源是件多麼困難的事情。

尋找一個能將非生命和生命統合在一個統一架構中的「失落的環節」，已經在生物學、物理學、電腦計算學和數學的交叉領域中，開創了一個全新的科學領域。這是一個充滿希望的領域，不僅是為了最終可以解釋生命是什麼的這項任務，也開闢了改變奈米技術的應用之路，並帶來醫學領域的全面進步。這種轉變底層的統一概念是：**資訊**——這邊強調的不是它的日常意義，而是一種抽象的量，像能量一樣，具有賦予物質生命的能力。資訊流的模式實際上可以有自己的生命，可以在細胞中湧動，在大腦周圍旋轉，在跨生態系統和社會之間連結，展示它們自己的系統動力。正是在這種豐富而複雜的資訊發酵中，出現了能動性（agency）的概念，它與意識、自由意志和其他棘手的難題息息相

關。正是在這裡，生命系統將資訊排列成有組織模式的方式，使得獨特的生命秩序從分子領域的混亂中出現。

科學家才剛剛開始理解，資訊的力量是一種確實可以改變世界的**起因**（cause）。最近，資訊、能量、熱和功交織在一起的定律，已經被應用到活生生的有機體上——從DNA層面，透過細胞機制，到神經科學和社會組織，甚至延伸到行星的尺度。透過資訊理論的角度所看見的生命圖像，與強調解剖學和生理學的傳統生物學描述大異其趣。

很多人幫我整理了這本書的內容。我在這裡提出的許多想法都源自於我的同事莎拉・沃克（Sara Walker），她是超越科學基本概念中心（Beyond Center for Fundamental Concepts in Science）的副主任。過去的五年裡，她帶給我很大的影響。莎拉和我一樣，熱衷於尋求一個圍繞資訊概念所整合起來的、有關物理學和生物學的宏偉統一理論，她主張：「生命是物理學的下一個偉大前線！」在亞利桑那州立大學的小組中，我也在與學生和博士後研究生的討論中受益匪淺。我必須特別感謝亞當斯（Alyssa Adams）、金鉉珠（Hyunju Kim）和馬蒂斯（Cole Matthis）。在亞利桑那州立大學的眾多優秀同事中，阿克提皮斯（Athena Aktipis）、安博（Ariel Anbar）、勞比希勒（Manfred Laubichler）、林賽（Stuart Lindsay）、林奇（Michael Lynch）、馬利（Carlo Maley）和紐曼（Timothea Newman，現任職於鄧迪大學〔The University of Dundee〕）給了我特別多的幫助。再遠一點，我也非常珍惜多年來與許多專家的對談，包括密西根州立大學的阿達米（Christoph Adami）、牛津大學的布里格

斯（Andrew Briggs）、格拉斯哥大學的克羅寧（Lee Cronin）、開普敦大學的艾利斯（George Ellis）、東京地球生命科學研究所與普林斯頓高等研究院的哈特（Piet Hut）、系統生物學研究所（Institute of Systems Biology）的考夫曼（Stuart Kauffman），以及澳洲國立大學的萊恩維弗（Charles Lineweaver），他幾乎對我所說和所寫的一切都抱持不同意見。還有美國國家航空暨太空總署艾姆斯研究中心（NASA Ames）的麥凱（Christopher McKay）。

同樣在澳洲，阿德雷德大學（The University of Adelaide）的阿博特（Derek Abbott）為我釐清了生命物理學的幾個面向；雪梨加文研究所（Garvan Institute）富有遠見的主任馬蒂克（John Mattick）告訴我遺傳學和微生物學還未成定局。雪梨大學的格里菲斯（Paul Griffiths）為我提供了有關演化和表觀遺傳學本質的深刻見解；而同一所大學的鄒科彭科（Mikhail Prokopenko）和利齊爾（Joe Lizier）則影響了我對網路理論的思考，並提供了一些批判性的意見。薩雷大學（The University of Surrey）的世界級量子生物學專家麥克法登（Johnjoe McFadden）和阿爾哈利利（Jim AlKhalili），對第五章提供了寶貴的回饋。威斯康辛大學麥迪遜分校的托諾尼（Giulio Tononi）和他的同事阿爾班塔基斯（Larissa Albantakis），以及現任職於哥倫比亞大學的霍爾（Erik Hoel），則不厭其煩地試圖解開我對整合資訊的混亂想法。聖塔菲研究所也是我的靈感源泉：克拉考爾（David Krakauer）和沃伯特（David Wolpert）的博學讓我讚嘆不已。塔夫茨大學（Tufts University）的萊文（Michael Levin）是位非常寶貴的合作者，也是我認識過最具冒險精神的生物學家。我也從

與計算機工程師兼商業顧問馬歇爾（Perry Marshall）的生動交流中獲益良多。

我對癌症研究的嘗試讓我結識了許多傑出和聰明的思想家，他們幫助我形成了對癌症以及生命的一般理解。在亞利桑那州立大學，我與布西（Kimberly Bussey）和西斯內羅斯（Luis Cisneros）在癌症相關專案上密切合作，並得到西安大略大學的文森（Mark Vincent）和普林斯頓大學的奧斯汀（Robert Austin）鼎力相助。透過和墨爾本彼得・麥卡勒姆中心的古德（David Goode）、特里戈斯（Anna Trigos），以及芝加哥大學的夏皮羅（James Shapiro）的對話，大幅提升了我對癌症遺傳學的瞭解。我也受到比塞爾（Mina Bissell）、考文垂（Brendon Coventry）和特斯蒂（Thea Tlsty）等人的著作的影響。還有很多其他的作品，實在太多了，無法在此一一列出。還必須感謝國家癌症研究院，他們在這五年間慷慨的資助支持了這裡的許多癌症研究，並繼續支持 NantWorks。如果沒有國家癌症研究院前副主任、現任亞利桑那州立大學同事巴克（Anna Barker）的願景，我永遠不會開始進行癌症研究。此外，坦普爾頓世界慈善基金會（Templeton World Charity Foundation）透過他們的「資訊的力量」（Power of Information）計畫，大力支援了我們的生命起源研究小組。

最後一定要感謝的人是寶琳・戴維斯（Pauline Davies），她不知疲倦地閱讀了兩份完整的草稿，仔細修訂了每份草稿，並加上大量的注釋。在過去的一年裡，我們每天都在討論這本書的許多技術方面的問題，她的投入大大改善了本書的內容。如果沒有她

對這個計畫的堅定支持、不斷地說服以及敏銳的智慧,這個計畫永遠不可能圓滿完成。

保羅・戴維斯(Paul Davies)於雪梨和鳳凰城,2017 年 12 月

1 生命是什麼?
Chapter　What is Life?

1943年2月,物理學家薛丁格在都柏林的三一學院發表了一系列題為「生命是什麼?」的講座。薛丁格是位名人,他是諾貝爾獎得主,作為有史以來最成功的科學理論——量子力學的奠基者而聞名於世。在1920年代,量子力學理論提出後的幾年內,這個理論已經解釋了原子的結構、原子核的特性、放射性、亞原子粒子的性質、化學鍵、固體的熱與電的性質,以及恆星的穩定性。

薛丁格的貢獻始於他在1926年發表的一個新的方程式,該方程式至今仍然以他的名字命名,這個方程式描述了電子和其他亞原子粒子如何移動和相互作用。接下來的十年左右是物理學的黃金時代,從反物質和膨脹的宇宙的發現,到中微子和黑洞的預測,幾乎每一個方面都取得了重大進展,這在很大程度上要歸功於量子力學解釋原子和亞原子世界的能力。但在1939年,世界陷入了戰爭,這些令人興奮的日子戛然而止。許多科學家逃離納粹歐洲,前往英國或美國以協助盟軍。1938年,奧地利被納粹佔領後,薛丁格也加入了這股逃亡浪潮,離開自己的祖國,但他決定在中立的愛爾蘭定居。愛爾蘭總統德·瓦萊拉(Éamon de Valera)本人也是

一名物理學家，於 1940 年在都柏林創立了一個新的先進研究機構。正是德·瓦萊拉親自邀請薛丁格去愛爾蘭的，薛丁格在那裡住了十六年，他的妻子和情婦也住在同一個屋簷下。

在 1940 年代，生物學遠遠落後於物理學。生命基本過程的細節在很大程度上仍然是個謎。此外，生命的本質似乎違反了物理學的一條基本定律，即所謂的熱力學第二定律。根據該定律，普遍存在著退化和無序的趨勢。在都柏林的講座中，薛丁格提出了他看到的問題：「如何用物理學和化學來解釋發生在生物體空間邊界內的時空事件？」換句話說，生物體令人費解的特性最終可以歸結為原子物理學嗎？還是發生了其他事情？薛丁格指出了問題的關鍵：為了使生命從無序中產生秩序，並違反熱力學第二定律，必須有一個分子實體以某種方式**編寫**構建生物體的指令；它要夠複雜，以嵌入大量的資訊；又要夠穩定，以承受熱力學的退化影響。我們現在知道這個實體就是 DNA。

隔年，薛丁格的深刻見解以書籍形式出版後，分子生物學領域開始蓬勃發展。DNA 結構的闡明、遺傳密碼的破解，以及遺傳學與演化論的融合跟著快速發展。分子生物學取得了快速而廣泛的成功，以至於大多數科學家都採取了強烈的化約論觀點：活物質的驚人特性，最後似乎真的可以只用原子和分子的物理學來解釋，而不需要任何根本的新理論。然而，薛丁格本人並不那麼樂觀，他寫道：「……活物質雖然沒有避開迄今為止確立的『物理定律』，但可能牽涉到目前尚未知曉的『其他物理定律』……」。[1] 他並不孤單：波耳（Niels Bohr）和海森堡（Werner

Heisenberg）等量子力學奠基者也認為，活物質可能需要新的物理學來解釋。

強大的化約論在生物學中仍然盛行。正統觀點依舊認為，即使大多數的細節尚未完全解決，但僅靠已知的物理學就足以解釋生命。我不同意這個觀點。像薛丁格一樣，我認為活生生的生物體體現了深刻的新的物理原理，而且我們正處於發現和利用這些原理的臨界點上。此刻之所以會有所不同，以及為什麼人們花了幾十年的時間才發現生命的真正奧祕，原因就是新物理學不僅僅是一種額外的力量——一種「生命力」——的問題，而是某種更為微妙的東西，某種將物質與資訊、整體與部分、簡單與複雜交織在一起的東西。

那個「東西」就是這本書的中心主題。

BOX 1
神奇的拼圖盒

當我們問：「生命是什麼？」時，有許多特性會引起我們的注意。生物體會自我繁殖、透過演化探索無限的新奇體驗，沿著無法預測的軌跡探索可能性的空間、發明全新的系統和結構，使用複雜的演算法來計算生存策略，從混亂中創造秩序，違反退化和衰敗的宇宙潮流，表現出明確的目的性，並利用不同能量來源來實現這些目標，形成難以想像的

複雜網路，合作和競爭……不勝列舉。為了回答薛丁格的提問，我們必須涵蓋所有這些特性，將整個科學領域的各個點，連接成一個條理分明的理論。這是一場智力的冒險，錯綜複雜地交織了邏輯和數學基礎、自我指涉的悖論、計算理論、熱機科學、蓬勃發展的奈米技術、新興的遠離平衡態的熱力學，以及神祕的量子物理學。所有這些主題的統一特徵就是**資訊**。一個既熟悉而實用，同時也是抽象和數學的概念，是生物學和物理學的基礎。

達爾文曾經寫道：「觀察著一條雜亂的河是一件很有趣的事，河岸上長滿了各式各樣的植物，鳥兒在灌木叢上歌唱，各種昆蟲在河岸上飛來飛去，蠕蟲在潮濕的土地上爬行，想想這些精心構造的形式，彼此之間如此不同，又以如此複雜的方式相互依賴，而且全都是由在我們身邊運作的法則所產生的。」[2]達爾文沒有預見的是，在這種明顯的物質複雜性（生命的硬體）中，有著更驚人的資訊複雜性（生命的軟體）——它隱藏在人們的視線之外，卻引導著生物的適應和創新。正是在資訊領域讓我們遇到了生命真正的創造力。現在，科學家正在將硬體和軟體的敘述融合成一種新的生命理論，這個理論對天體生物學到醫學，都有著深遠的影響。

生命力再見

縱觀歷史，人們認識到活生生的生物體擁有奇特的力量，例如自主移動、改造周遭環境和繁殖的能力。哲學家亞里斯多德（Aristotle）試圖用一個被稱為**目的論**（teleology）的概念，來描述這種難以捉摸的差異性（otherness）。目的論的概念源自希臘語 **telos**，意思是「目標」或「終點」。亞里斯多德觀察到，生物體似乎根據一些預先安排的計畫，有目的地行事，其活動被引導或拉向最終的狀態，無論是奪取食物、築巢，還是透過性來繁殖。

在早期的科學時代，有一種觀點認為，生物是由一種神奇的物質所構成，或者至少是注入了某種額外成分的正常物質。這種觀點被稱為**活力論**（vitalism）。但這個額外的要素可能是什麼，當時也說不清楚：他們的各種提議中包括了空氣（生命的氣息）、熱、電或像靈魂一樣神祕的東西。不管是什麼，這種主張一種特殊的「生命力」（life force）或乙太能量能使物質活動起來的假設，一直廣泛傳播到19世紀。

隨著高倍顯微鏡等科學技術的進步，生物學家發現了越來越多需要透過生命力來解釋的驚奇事物。其中一個主要謎團與胚胎發育有關：一個肉眼無法看見的受精卵細胞，能夠長成一個嬰兒，豈不讓人感到驚訝？是什麼在引導胚胎複雜的組織？它如何能夠如此可靠地展現其組織，並產生如此精心安排的結果？德國胚胎學家德萊施（Hans Dreisch）在1885年進行的一系列實驗令他感到格外震驚：德萊施嘗試毀壞海膽的胚胎（海膽是生物學家最喜

歡的受害者），結果卻發現它們不知何故恢復了正常發育。他發現，甚至有可能在四細胞階段分解發育中的細胞球，並將每個細胞培育成一隻完整的海膽。這樣的結果使德萊施感覺到，胚胎細胞對它們打算創造的最終形狀有一些「預先的想法」，並巧妙地彌補了實驗者的干預。彷彿有一隻看不見的手在監督它們的生長和發育，並在必要時中途進行「修正」。對德萊施來說，這些事實有力地證明了存在著某種形式的生命本質，他稱之為**圓滿完成**（entelechy），這個字在希臘語中的意思是「完整、完美、最終形式」，這個想法與亞里斯多德的目的論概念密切相關。

但生命力假說也面臨某些問題：如果這種力量確實要去完成某一件事，就必須像所有力量一樣能夠移動物質。乍一看，生物體似乎確實能夠自我推動，擁有某種內在的動力來源。但施加任何一種力量都需要消耗能量。因此，如果「生命力」真實存在，那麼能量的轉移就應該是可以測量的。物理學家馮・亥姆霍茲（Hermann von Helmholtz）在 1840 年代就針對這個問題進行了深入的研究。在一系列實驗中，他對從死青蛙身上摘下的腿施加電脈衝，使它們抽搐，並仔細測量伴隨著運動而來的微小溫度變化。亥姆霍茲的結論是，肌肉中儲存的化學能，在電流的刺激下，會轉化為抽搐的機械能，進而轉化為熱。能量帳目平衡得很好，沒有任何證據顯示需要額外調動生命力。然而，活力論花了幾十年的時間才完全消失。*

---

* 原注：活力論也因與 19 世紀流行的另一個唯靈論（spiritualism）概念過於接近而遭遇困境，唯靈論中充滿了有關於靈氣和乙太體的怪異故事。

即使沒有生命力，也很難擺脫活物質有其特殊性的印象。問題是，那究竟是什麼？

我在學生時代讀完薛丁格的《生命是什麼》(What is Life?) 後，對這個難題深深著迷。從某個層面來說，答案很簡單：活生生的生物體會繁殖、新陳代謝、對刺激有反應等等。然而，僅僅列出生命的特性並不能解釋生命——這正是薛丁格在尋找的答案。儘管受到薛丁格著作的啟發，但我發現他的敘述有著很奇怪的缺漏。我清楚知道，生命牽涉的一定不只是原子和分子的物理學。儘管薛丁格暗示某種新的物理學可能正在發揮作用，但他並沒有說出那是什麼。分子生物學和生物物理學的進展並沒有提供太多線索。但最近，解決方案的輪廓已經出現，而且它來自一個全新的方向。

生命充滿驚奇

「恆星，以及瞭解恆星能量來源過程的智慧生物，可以把賤金屬轉化為黃金，而在宇宙中沒有其他東西可以做到這一點。」

——多伊奇（David Deutsch）[3]

要理解「生命是什麼」這個問題的答案，意味著捨棄生物學家一口氣列出的傳統生命特性清單，開始以一種全新的方式思考

生命狀態。讓我們不妨問個問題：如果沒有生命，世界會有什麼不同？眾所周知，我們的星球在某種程度上是由生物所塑造的，例如大氣中氧氣的累積、礦床的形成、人類科技對全球的影響。許多非生物過程也會塑造地球，包括火山爆發、小行星撞擊、冰河作用等。關鍵的區別在於，生命帶來的影響是以任何其他方式都不太可能、甚至可以說是**不可能**實現的。還有什麼可以精確地飛越半個地球（北極燕鷗），以90％的效率將陽光轉化為電能（樹葉），或打造複雜的地下隧道網路（白蟻）？

當然，人類的技術也可以算是生命的產物，可以做到這些非生物過程不可能實現的事情，甚至更多。舉例來說，自太陽系形成以來的四十五億年裡，地球一直在累積小行星和彗星撞擊而產生的物質，專業術語稱為「吸積」（accretion）。在我們地球的整個歷史上，曾經有過各種大小的天體降落下來，包括直徑數百公里的天體到微小的隕石顆粒。大家都知道，六千五百萬年前有彗星撞擊了現在的墨西哥，並導致恐龍滅絕，但那只是吸積的其中一個例子。經過億萬年的撞擊，我們的星球現在比過去稍微重一些。然而，自1958年以來，出現了「反吸積」現象。[4] 在沒有任何地質災難的情況下，大量的物體從地球飛向太空，有些前往月球和行星，有些則永遠進入了虛空；其中大多數最終都繞著地球運行。如果單純根據力學和行星演化的法則，這種情況是不可能發生的。然而人類的火箭技術很容易解釋這點。

再舉另一個例子。當太陽系形成時，初始化學成分清單中就包含了一小部分的鈽元素。但由於壽命最長的鈽同位素半衰期約

為八千一百萬年，當初的鈽現在幾乎都衰變了。但在 1940 年，由於核物理實驗的結果，鈽重新出現在地球上，現在估計已有一千噸。如果沒有生命，完全無法解釋地球上的鈽為何突然增加。並沒有合理的非生物路徑可以解釋一個有四十五億年歷史的死行星，如何變成一個擁有鈽的行星。

生命並非只是投機性地造成這些變化，它還具有多樣性和適應性，以侵入新的生態位，並發明巧妙的機制來謀生，有時還是以非凡的方式。在南非姆波尼格地下三公里的金礦礦坑，一群外來細菌棲息在炎熱的含金岩石微孔中，與地球的其他生物圈完全隔絕。沒有光來維持它們的生存，也沒有有機的原始材料可以吃。令人意想不到的是，讓這些微生物在惡劣條件中生存的能量來源，竟然是放射線。從岩石中發出的核輻射對生命通常是致命的，卻透過將水分解成氧氣和氫氣，為地下居民提供了足夠的能量。這種稱為**金礦菌**（*Desulforudis audaxviator*）的細菌已經演化出利用輻射的化學副產品的機制，透過將氫氣與溶解於岩石間滾燙熱水中的二氧化碳結合，來製造維生物質。

八千公里外，在阿塔卡馬沙漠乾燥的腹地中，熾熱的太陽冉冉升起，映襯著獨特的風景。**觸**目所及之處只有黃沙和岩石，看不到任何生命的跡象。沒有鳥類、昆蟲或植物來美化景觀，塵土中沒有任何東西在亂爬，也沒有可以視為簡單藻類的綠色斑塊。所有已知的生命都需要液態水，而阿塔卡馬地區幾乎從不下雨，這使得它成為地球表面最乾旱、最死寂的地方。

阿塔卡馬沙漠中心是地球上與火星表面最接近的環境，因

此美國太空總署在那裡設立了一個工作站，來測試有關火星土壤的理論。科學家原本企圖研究生命的外在極限，他們總喜歡說他們在尋找的是死亡、而不是生命。但他們的發現卻令人震驚：在沙漠的岩石間，散布著一些奇怪的、從沙子中露頭的柱狀物，它們高達一公尺，呈圓形且有著突起，就像達利（Salvador Dalí）的雕塑。這些土丘其實是由鹽構成的，是早已蒸發的古老湖泊的遺跡。在這些鹽柱內部埋著活生生的微生物，在各種困難面前努力生存。這些非常特殊的奇怪生物體，名為**擬甲色球藻**（*Chroococcidiopsis*），它們不是從放射性中獲得能量，而是從更傳統的光合作用中獲得能量；強烈的沙漠陽光穿透了它們半透明的住所。但水的問題仍然存在。阿塔卡馬沙漠的這個區域位於內陸，距離寒冷的太平洋約一百公里，中間還隔著一座山脈。在適當的條件下，當夜間溫度驟降時，海霧會蜿蜒穿過山脈，潮溼的空氣會將水分子注入鹽的晶格中。水不會形成液滴；但鹽會變得潮溼黏稠。如果讀者生活在潮溼氣候，熟悉難以清潔的鹽罐，就會知道這種現象。鹽吸收水蒸氣的過程稱為潮解作用，剛好可以在早晨的陽光將鹽曬乾之前，讓微生物維持一段快樂時光。

　　金礦菌和擬甲色球藻這兩個例子，可以說明生物體在惡劣環境下生存的非凡能力。我們也知道其他微生物能夠耐受極冷或極熱、高鹽度、金屬汙染以及足以灼傷人體的酸性。這群生活在危險中極具韌性的微生物（統稱為嗜極生物〔extremophiles〕）的發現，推翻了人們長期以來的信念：生命只能在溫度、壓力、酸度等條件皆具的狹窄範圍內繁衍生息。但生命具有強大的能力可以創造

新的物理和化學途徑，並利用一系列不太可能的能量來源，這顯示了生命一旦開始，就會擴散到其原始棲息地之外，引發意想不到的變化。在遙遠的未來，人類或他們的機器後代可能會重組整個太陽系甚至銀河系。宇宙中其他地方的其他生命形式可能已經做了類似的事情，或者最終可能會這樣做。如今，生命已經被釋放到宇宙中，它有可能帶來具有宇宙意義的改變。

生命計令人困惑的問題

科學界有一句名言：如果某個東西是真實存在的，那麼我們就應該能夠測量它（甚至對它課稅）。我們能夠測量生命嗎？還是「活力程度」？這似乎是一個抽象的問題，最近卻有了一定的緊迫性。1997 年，美國和歐洲太空中心合作，將一艘名為卡西尼號（Cassini）的太空船送往土星及其衛星。引起關注的是太陽系中最大的衛星，土衛六「泰坦」（Titan）。泰坦星是由惠更斯（Christiaan Huygens）在 1955 年發現的，長期以來一直令天文學家深感好奇；不僅是因為它的大小，更因為它被雲層覆蓋。在卡西尼號任務之前，泰坦星下面的東西被籠罩在神祕之中。卡西尼號太空船運送了一個小型探測器，這顆探測器被貼切地命名為惠更斯。它穿過泰坦星的雲層，安全降落在這顆衛星的表面。惠更斯探測器揭示了泰坦上有著海洋和海灘的景色，但海洋是由液態乙烷和甲烷組成的，岩石則是水冰。泰坦非常冷，平均溫度為 $-180°C$。

天體生物學家對卡西尼號任務產生了濃厚的興趣。人們已

經知道，泰坦星的大氣層是一層濃厚的石油氣煙霧，雲層中充滿了有機分子。然而，由於極度寒冷，這個星體無法維持我們所知的生命。有人猜測，可能會有某種外來生命能使用液態甲烷來取代水，但大多數的天體生物學家不認為有這種可能性。然而，即使泰坦星完全沒有生命，它對於生命之謎仍然具有十分重要的意義。實際上，它構成了一個天然的化學實驗室，在其四十五億年的整個生命週期中，一直在穩定地形成複雜的有機分子。說得更有趣一點，泰坦是一個失敗的巨型生物實驗，它讓我們直接面對了「生命是什麼？」這個問題的核心。從化學角度來說，如果泰坦已經走過了地球生命誕生的漫長而曲折之路的一部分，那麼泰坦距離被稱為「生物從這裡開始」的終點線還有**多遠**？難道從某種意義上來說，泰坦現在已經相當接近可以孕育生命的狀態了？我們能否在渾濁的雲層中發現「近乎生命」的東西呢？

更直白地說，是否有可能造出某種生命計，可以對泰坦星充滿有機物的大氣進行取樣，並得出一個數字？想像一下，在未來的某項任務之後，科學團隊宣布：「在四十五億年的時間裡，泰坦星上的霧霾在生命之路上邁進了 87.3%。」 或者「從有機的構成要素到簡單的活細胞，泰坦星只完成了漫長旅程的 4%。」

這些言論聽起來很荒謬。但為什麼呢？

當然，我們沒有生命計。更重要的是，這種裝置基本上要如何作用，還非常不明確。它到底要測量什麼？道金斯（Richard Dawkins）提出了一個非常迷人的比喻，來說明生物演化的過程，稱為「不可能之山」。[5] 複雜生命從一開始就非常不可能存在。

之所以存在，只能是因為從非常簡單的微生物開始，在很長的時間內，經由天擇的演化而逐漸形成。在這個比喻中，我們可以將今天複雜生命形式（如人類）的祖先，設想為花了數十億年爬上（在複雜度的意義上）越來越高的山。合情合理。但第一步是怎麼開始的呢？從非生命到生命的轉變，從簡單化學物質的大雜燴到原始活細胞的道路，又是怎麼發生的呢？那是否也是攀登某種前生命、化學版的「不可能之山」？看來必定如此。從簡單分子的隨機混合物到具備完整功能的生物體，這種轉變顯然不是在一次重大而驚人的化學飛躍中發生的。中間一定經歷了一段漫長的路程。沒有人知道這些步驟是什麼（也許除了最初的步驟；請參閱第219頁）。事實上，我們還不知道一個更基本的答案：從非生命到生命的爬升過程，是從無生命物質到生物的一條漫長、平緩、無縫向上的軌道，還是一系列突然的重大轉變，類似物理學中所謂的相變（例如從水到蒸汽的轉變）？沒人知道。但無論是哪一種情況，前生命不可能之山的比喻都是有用的，山的高度正是化學複雜性的尺度。在先前的假設中發送到泰坦星的生命計，如果真的存在，就可以被視為一種複雜性的高度計，用於測量前生命期的泰坦星大氣層在不可能之山中攀登了多高。

顯然，僅關注化學複雜性的解釋還缺少了一些東西。一隻剛剛死去的老鼠在化學上和一隻活生生的老鼠一樣複雜，但我們不會認為它有99.9%是活的；它就是死了。*那麼處於休眠狀態、

---

* 原注：這是簡化的說法，因為不同器官會以不同的速度死亡，而棲息在老鼠身上的細菌可能會永遠活著。

但實際上並未死亡的微生物呢？舉例來說，有些細菌在面臨不利條件時會形成孢子，保持惰性，直到遇到更好的環境後才再次活躍起來。或是像緩步動物門的八足動物（水熊蟲），當牠們被冷卻到足以使氦液化的溫度時，就會停止活動，但當溫度提高時牠們就會恢復正常。當然，即使是這些韌性十足的生物體，其存活能力也是有限的。生命計是否能告訴我們，細菌孢子或緩步動物何時會超過那個折返點，並且「永遠不再醒來」？

這不僅僅是哲學上的難題。土星有另一個冰凍的衛星，近年來也備受關注：土衛二，恩賽勒達斯（Enceladus），這顆衛星繞行巨大的行星時，它的固體核心會產生潮汐性的收縮，而從內部被加熱。因此儘管土衛二距離太陽很遠，而且表面結冰，但在其冰凍的地殼之下卻是一片液態海洋。然而它的地殼並非完好無損，卡西尼號發現，土衛二正從冰上的巨大裂縫中向太空噴出物質。而這些從內部散發出來的物質也包括了有機分子。這是否暗示著寒冷的地表下潛伏著生命？我們要如何知道這件事？

美國太空總署規劃將在 2020 年左右執行一項穿越恩賽勒達斯雲層的任務，目的明確就是尋找生物活動的痕跡（2017 年 11 月，科技企業家米爾納〔Yuri Milner〕也宣布了一項由私人資助的類似計畫）。但有一個緊迫的問題：這次探測應該使用什麼儀器，以及應該尋找什麼？我們可以為這趟旅程設計一個生命計嗎？即使無法精確測量「活著的程度」，但這個儀器能至少分辨出「遠離生命」、「幾乎活著」、「活著」和「曾經活著但現在死了」之間的區別嗎？這個問題可以用這種方式表述嗎？

生命計的難度指出了一個更廣泛的問題。若能藉著詳細研究太陽系外行星的大氣層，來揭示其中有生命活動的跡象，人們會感到非常興奮，但什麼才是令人信服的確鑿證據呢？有些天體生物學家認為，大氣中的氧氣可能是一個線索，暗示著光合作用的存在；另一些人認為是甲烷，或是這兩種氣體的混合物。事實上人們還沒有達成一致的意見，因為所有這些常見的氣體，也可以由非生物機制產生。

1976年，美國太空總署有兩艘名為維京號（Viking）的太空船登陸火星，就此獲得了有關提前定義生命有多危險的寶貴教訓。這是美國太空中心第一次、也是最後一次嘗試在另一個星球進行真正的生物實驗，而不是簡單研究是否存在著生命的條件。維京號的其中一項實驗稱為「標籤釋出」（Labelled Release），由工程師里文（Gil Levin）所設計，他現在是亞利桑那州立大學的兼職教授。做法是將營養介質倒在一些火星泥土中，再觀察這個肉湯是否被當地的微生物給吃掉，並轉化為二氧化碳廢物。肉湯中的碳經過放射性標記，因此如果它以二氧化碳的形式出現，就可以被發現。它確實被發現了。此外，當他們烘烤樣本時，反應就停止了，就好像火星微生物被熱死一樣。兩艘維京號太空船在火星的不同地點反覆執行這項實驗，都得到了相同的結果。直到今天，里文仍聲稱他在火星上發現了生命，且歷史終將證明他是對的。相較之下，美國太空總署的官方聲明是：維京號沒有發現生命，標記的釋放結果是由於不尋常的土壤條件所造成的。這或許就是為什麼美國太空總署從來沒打算重複這項實驗的原因。

這種在美國太空總署與其一名任務科學家之間尖銳的分歧，顯示了如果只依靠化學的研究，在現實中很難決定生命是否存在於另一個世界。維京號的設計目的，是為了尋找我們所知生命的化學痕跡。如果我們可以確定陸地生命是唯一可能的生命型態，我們就可以設計儀器來檢測足夠複雜的有機分子，且這些分子只能由已知的生物產生。例如，如果儀器發現了核糖體（一種製造蛋白質所需的分子機械），生物學家就會確信該樣本不是現在活著、就是在不久之前活著。但是，例如氨基酸等已知生命所使用的更簡單分子呢？不夠好：有些隕石含有在太空中形成的氨基酸，而不需要生物過程。最近在四百光年之外某個恆星附近的星際雲氣中，發現了糖羥乙醛（glycolaldehyde），但其與生命的跡象明顯相去甚遠，因為這種分子可以在簡單的化學反應中形成。因此，我們可能可以界定化學複雜性的**範圍**，但從氨基酸、糖、核糖體到蛋白質的分子鏈，我們可以說從**哪裡**開始一定有生命介入嗎？我們有可能僅僅根據化學指紋來識別生命嗎？* 許多科學家更願意將生命視為一個過程，而不是一個東西，而且也許這個過程只有在行星尺度上才有意義。[6]（見第六章的 BOX 12）

古分子的故事

某種類型的生命在地球上已經存在了大約四十億年。期間

---

* 原注：格拉斯哥大學克羅寧提出了一種測量化學複雜性的方法，根據的是產生特定大分子所需要的步驟次數。

曾發生小行星和彗星的撞擊、大規模的火山活動、全球性的冰河作用以及變熱的無情太陽。然而，各種形式的生命卻蓬勃發展。這條貫穿地球生命故事的共同軸線——在這裡是字面上的意義——是一種稱為 DNA 的長分子，它是由瑞士化學家米歇爾（Friedrich Miescher）於 1868 年發現的。「分子」（molecule）一詞源自拉丁文「moles」，在 18 世紀的法國變得流行，意為「極小的質量」。然而 DNA 絕對不小。你體內的每個細胞都含有大約兩公尺的這種分子，它是分子中的巨人。其著名的雙螺旋結構中刻有生命的使用說明書。所有已知生命的基本組成都是相同的；我們與黑猩猩有 98％的基因是相同的，與老鼠有 85％的基因相同，與雞有 60％的基因相同，與許多細菌也有一半以上的基因相同。

所有已知的生命都遵循著一個普遍的腳本，這顯示它們有一個共同的起源。地球上最古老的生命痕跡至少可以追溯到三十五億年前，人們認為，在這段時間裡，DNA 的某些部分基本上保持不變。同樣保持不變的是生命的語言。DNA 規則書是用代碼編寫的，使用四個字母 A、C、G 和 T 代表四種核酸鹼基，這些核酸鹼基一起串成支架，構成了古老的分子結構。** 鹼基序列在解碼時，便可指定構成蛋白質的配方：蛋白質是生物學的主力。人類 DNA 編碼了大約二萬個 DNA。雖然生物體可能有不同的蛋白質，但都具有相同的編碼和解碼方法（BOX2 有更詳細的

** 原注：當來自 DNA 的資訊轉錄為 RNA 時，T 被替換為一個標記為 U、略有不同的的分子，U 代表尿嘧啶。

BOX 2
生命的基本機制

地球上所有生命的資訊基礎就是這套通用的遺傳密碼。建構特定蛋白質所需的資訊以特定的「字母」序列——A、C、G、T——儲存在 DNA 的片段中。這些字母代表腺苷、胞嘧啶、鳥嘌呤和胸腺嘧啶分子，統稱鹼基，可以沿著 DNA 分子排列成任何組合。不同的蛋白質有不同的組合編碼。蛋白質是由其他稱為氨基酸的分子組成的；一個典型的蛋白質是由數百個氨基酸首尾相連形成的一條鏈。氨基酸有很多種，但我們所知的生命只使用一組有限的二十種（有時是二十一種）。蛋白質的化學性質取決於氨基酸的精確序列。因為鹼基只有四種，但氨基酸有二十種，DNA 無法使用單個鹼基來明確對應每個氨基酸。更精確地説，它使用的是以三個鹼基為一組的三聯體。四個字母有六十四種可能的三聯體組合，或稱為密碼子（例如 ACT，GCA……）。六十四個密碼子對於二十個氨基酸來說已經綽綽有餘，因此存在一些冗餘：許多氨基酸會對應兩個或多個不同密碼子。有些密碼子則用作標點符號（例如「停止」）。

為了「讀出」建構特定蛋白質的指令，細胞首先要將相關密碼子序列從 DNA 轉錄到相關的 mRNA（訊息核糖核酸）分子中。蛋白質由核醣體組裝而成，核醣體是一種小型機

器，它讀取 mRNA 中的密碼子序列，並透過化學方式將一個又一個氨基酸連接在一起，一步一步合成蛋白質。每個密碼子都必須獲得正確的氨基酸，系統才能正常運作。這還需要另一種形式的 RNA，tRNA（轉運核糖核酸）的幫助才能做到，這些短鏈的 RNA 有二十種，為了識別特定的密碼子並與之結合，每一種都是量身訂做的。至關重要的是，這種 tRNA 上附著了與對應編碼的密碼子相符的氨基酸，等著被送到不斷增長的氨基酸鏈上。當核糖體完成解碼時，這些氨基酸將構成具有功能的蛋白質。為了使這一切發揮作用，二十種氨基酸中的正確氨基酸必須附著在相應的 tRNA 上。這個步驟是由一種特殊的蛋白質完成，它有一個令人畏懼的名字：氨醯 tRNA 合成酶（aminoacyl-tRNA，又稱胺基酸 tRNA 合成酶）。名字不是重點，重要的是這種蛋白質的形狀對 tRNA 和對應的氨基酸來說都是特定的，因此可以將正確的氨基酸附著在相應的 tRNA 上。由於有二十種不同的氨基酸，所以必須有二十種不同的氨醯 tRNA 合成酶。請注意，氨醯 tRNA 合成酶是資訊鏈中的關鍵環節：生物資訊儲存在一種分子中（DNA，一種核酸，使用帶有四個字母的三聯體代碼），但它是為了完全不同類型的分子（蛋白質，使用二十個字母）所準備的——這兩種類型的分子使用不同的語言！但是氨醯 tRNA 合成酶可以辨識密碼子和二十種氨基酸。這些連結分子對所有已知生命所使用的通用遺傳機制來說至關重要。因此，它們一定非常古老，且運作良好。所有的生命都依賴氨

醯 tRNA！實驗顯示它們的運作確實非常可靠，在大約三千例中只有一例弄錯（即翻譯失敗）。所有這些機制的巧妙很難不叫人震驚；而它數十億年來仍然保持完好不變，也著實令人料想不到。

資訊）。蛋白質是由一串串氨基酸連接在一起所構成的。典型的蛋白質由數百個氨基酸鏈所組成，折疊成複雜的三維形狀，這是它發揮功能的形式。生命使用二十種（有時是二十一種）氨基酸的各種組合。A、C、G 和 T 鹼基的序列可以用無數種方式編碼這二十種氨基酸，但所有已知的生命都使用相同的編碼方式（見表1），這顯示它是地球生命一個非常古老而根深蒂固的特徵，存在於數十億年前的共同祖先身上。[*]

雖然 DNA 非常古老，但也有其他實體具有持久的力量：例如晶體。澳洲和加拿大的鋯石已經存在了四十多億年，並在俯衝到地殼後倖存下來。主要區別在於，生物體與環境會失去平衡。事實上，生命通常非常不平衡。為了繼續正常運作，生物體必須從環境中獲取能量（例如陽光或透過進食），並輸出某些東西（例如氧氣或二氧化碳）。因此，生物會與周圍環境不斷進行能量和物質的交換。當一個生物體死亡時，這一切就停止了，然後隨著生物物質的衰變，逐漸趨於平衡。

---

[*] 原注：術語重點：當科學家提到生物體的「編碼」（code）時，實際上是指編碼後的遺傳資料，這引起了很大的混淆。你的遺傳資料和我的遺傳資料不同，但我們有相同的遺傳編碼。

	T		C		A		G	
T	TTT	Phe	TCT	Ser	TAT	Tyr	TGT	Cys
	TTC		TCC		TAC		TGC	
	TTA	Leu	TCA		TAA	STOP	TGA	STOP
	TTG		TCG		TAG		TGG	Trp
C	CTT	Leu	CCT	Pro	CAT	His	CGT	Arg
	CTC		CCC		CAC		CGC	
	CTA		CCA		CCA	Gln	CGA	
	CTG		CCG		CAG		CGG	
A	ATT	Ile	ACT	Thr	AAT	Asn	AGT	Ser
	ATC		ACC		AAC		AGC	
	ATA		ACA		AAA	Lys	AGA	Arg
	ATG	Met	ACG		AAG		AGG	
G	GTT	Val	GCT	Ala	GAT	Asp	GGT	Gly
	GTC		GCC		GAC		GGC	
	GTA		GCA		GAA	Glu	GGA	
	GTG		GCG		GAG		GGG	

表1：通用遺傳編碼

此表顯示了所有已知生命使用的編碼分配。字母三聯體（密碼子）編碼的氨基酸以縮寫形式列在密碼子右側（例如 Phe ＝苯丙氨酸；對於我的目的來說這些分子的名稱並不重要）。提供一個歷史奇聞：某種形式的遺傳密碼的存在，最初是由宇宙學家伽莫夫（George Gamow）在1953年7月8日寫給克里克（Francis Crick）和華生（James Watson）的一封信中提出的。伽莫夫因其在大霹靂方面的開創性研究而聞名。

當然，有些非生物系統也一樣不平衡，且同樣具有良好的持久力。我最喜歡的例子是木星的大紅斑，它是一個氣體漩渦，自從我們能透過望遠鏡觀測以來就一直存在，而且沒有消失的跡象（見圖1）。我們也知道許多具有類似自主（autonomous）性質的化學或物理系統，其中一個是對流單元，其中的流體（例如液態水）

圖 1：木星的大紅斑。

在從下方加熱時，會按照系統的模式上升和下降，還有些化學反應會產生螺旋形狀或有節奏的脈動（圖 2）。這類表現出自發組織的複雜性系統，被化學家普里高津（Ilya Prigogine）稱為「耗散結構」，他在 1970 年代倡導此類研究。普里高津認為，化學耗散結構的運作是很不平衡的，並支持物質和能量的持續產生，可以代表漫長生命之路上的一種中途站，許多科學家至今仍相信這一點。

第一章　生命是什麼？　　　　　　　　　45

　　新陳代謝——能量和物質在生物體中的流動——是生命完成一切功能的必要條件，而蛋白質在代謝工作中發揮了最大的作用。如果生命（如普里高津所認為的那樣）是透過精心設計、可驅動能量的化學循環開始的，那麼蛋白質一定是生命這齣偉大戲劇中

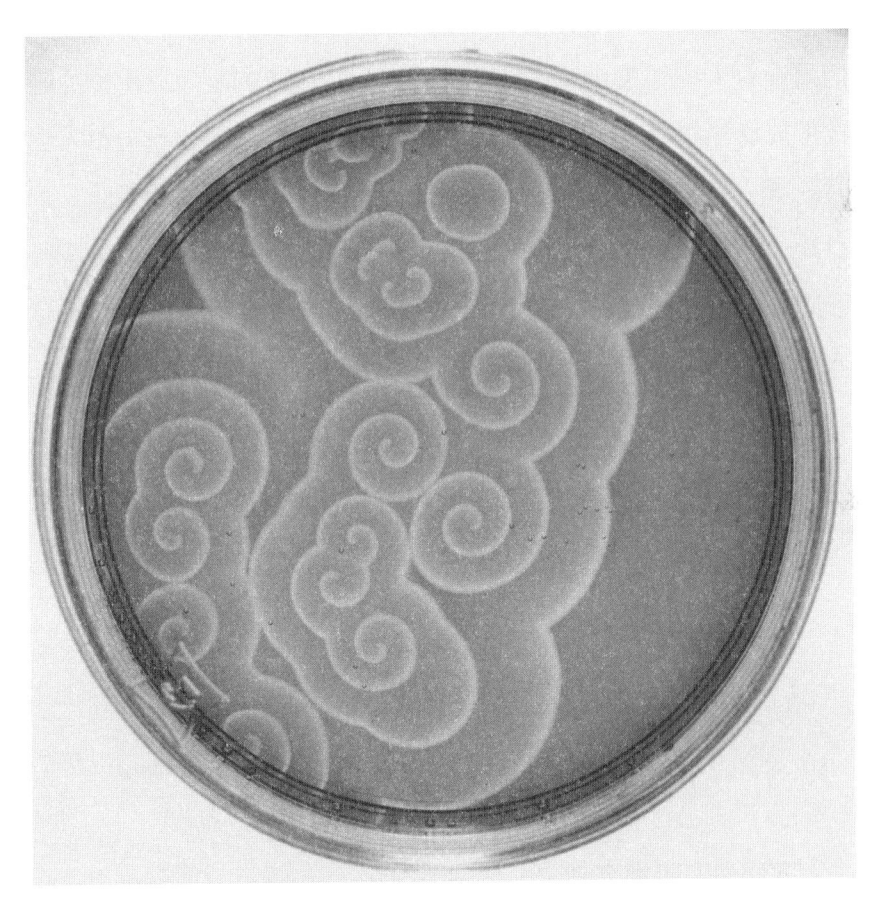

圖2：一種化學的「耗散結構」
當一種特定的化學混合物被迫脫離平衡狀態時，它可以自發地演變成如圖中所示的穩定形式。化學家普里高津認為，這種系統代表了漫長生命之路上的第一步。

的早期演員。但蛋白質本身基本上是沒有用的：生命中至關重要的組織需要大量的編排，也就是某種形式的指揮和控制的安排。這項工作是由 DNA 和 RNA 完成的。

我們所知的生命涉及兩種截然不同類型的分子：核酸和蛋白質之間達成的協議。大多數的科學家認為，「先有雞還是先有蛋」這個難題就是生命的本質：少了其中一個，你就不能得到另一個。如果沒有大量的蛋白質在它周圍操勞，一個 DNA 分子就會被擱在那裡無法作用。簡單來說，其工作描述就是：核酸儲存有關「生命計畫」的詳細資訊，而蛋白質負責生物體運作的繁重工作，兩者缺一不可。因此，生命的定義也需要考慮到這一點。不僅需要考慮創造模式的複雜組織化學，還要考慮負責監督、或告知訊息的化學：簡而言之，化學還要加上**資訊**。

生命＝物質＋資訊

「如果沒有資訊，生物中的一切都毫無意義。」
(Nothing in biology makes sense except in the light of information.)
——庫珀斯（Bernd-Olaf Küppers）[7]

我們現在已經來到了一個關鍵時刻。
區別生命和非生命的東西就是資訊。
說起來容易，但這還需要進一步解釋。讓我們從一些簡單的

事情開始：生物體會繁殖，並以這種方式將有關其形態的資訊傳遞給後代。從這方面來看，繁殖與普通的生產是不一樣的。當狗繁殖時，牠們會產出更多的狗；貓造就貓，人類造就人類，基本的體型呈現（body plan）會代代相傳。但繁殖比單純的物種延續更細膩。例如，人類嬰兒從父母或祖父母那裡繼承了一些細部特徵：紅頭髮、藍眼睛、雀斑、長腿……表達「遺傳」的最好方式就是：前幾世代的**資訊**被傳遞給下一代，也就是建構與前幾代人相似的新有機體所需的資訊。這些資訊被編碼在生物體的基因中，並作為生殖過程的一部分去複製。因此，生物繁殖的本質就是複製**可遺傳的資訊**。

當薛丁格在 1943 年發表演講時，大多數的科學家對遺傳資訊如何複製和傳遞這件事一無所知。沒有人真正知道這些資訊儲存在哪裡，或是如何複製；這是在發現 DNA 的遺傳學作用的十年之前。薛丁格的偉大洞見在於，他理解到訊息在活細胞內的分子層面與奈米尺度上，應該如何進行儲存、處理和傳輸。* 此外，還需要量子力學（薛丁格的創意）來解釋資訊儲存的穩定性。儘管當時尚不清楚該遺傳物質，但薛丁格得出的結論主張，它需要一種具有明確結構的分子，他將之稱為「非週期晶體」（an aperiodic crystal）。這是個敏銳的建議，因為晶體具有穩定性。但是我們熟悉的晶體，例如鑽石或鹽，資訊含量很低：它們只是簡單、規則的原子陣列。另一方面，具有晶體的穩定程度且可以

---

* 原注：一奈米是十億分之一公尺，「奈米技術」指的是分子尺度的工程結構。

任意構造的分子，則可能編碼和儲存大量資訊。DNA 正是如此：一種非週期晶體。十年後，發現 DNA 結構的克里克和華生都承認，薛丁格的書為他們提供了重要的思考素材，幫助他們闡明了難以捉摸的遺傳物質的形式和功能。

今天，生命的資訊基礎已經滲透到科學的每一個層面。生物學家說，基因（DNA 中明確的鹼基序列）包含「轉錄」和「翻譯」的「編碼指令」。當基因複製時，首先會複製資訊，然後校對；必要時還會修正錯誤。在身體組織的尺度上，「訊號」分子會在鄰近細胞之間傳遞資訊；其他分子則在血液中循環，在器官之間傳送訊號。即使是單一細胞也會收集有關其環境的資訊，在內部進行處理並做出相應的反應。生物中最出色的資訊處理系統當然是大腦，通常與數位電腦相提並論（但不是很令人信服）。除了個體生物之外，還有社會結構和生態系統。螞蟻和蜜蜂等社會性昆蟲會傳遞資訊，以幫助牠們協調覓食和築巢地點選擇等群體活動。鳥類聚集成群，魚兒也聚集成群：資訊交換是牠們協調行為的核心。靈長類動物將自己組織成具有複雜社會規範的群體，而這些規範是透過許多微妙的溝通方式來維持的。人類社會更催生了像全球資訊網這樣的全球性資訊處理系統。因此，許多科學家現在選擇根據資訊這個屬性來定義生命，也就不那麼令人驚訝了。用生物物理學家史密斯（Eric Smith）的方式來表達，就是：「在一個化學系統中，能量的流動和儲存與訊息的流動和儲存，是有關聯的」。[8]

現在，我們已經達到了生物學和物理學、生命和非生命等不

同領域的交會點。儘管薛丁格正確地指出了分子結構和資訊儲存之間存在關聯性,但他的非週期性晶體假設也掩蓋了一個巨大的概念鴻溝。分子是一種物理結構;相對地,資訊是一個抽象的概念,根本上源自人類溝通的世界。要如何消除這道鴻溝?如何將抽象的資訊與分子物理學連結起來?其實在一百五十年前,工業革命興起時,解答這個問題的最初跡象就已經出現——它來自一個與生物學關係不大,卻和機械工程領域的基本元素更有關係的主題。

Chapter 2 進入惡魔之身
Enter the Demon

> 「生命的機器是否可能是馬克士威惡魔,能從混亂中創造秩序……?」
>
> —— 霍夫曼(Peter Hoffmann)[1]

1867年12月,蘇格蘭物理學家馬克士威(James Clerk Maxwell)給他的朋友泰特(Peter Guthrie Tait)寫了一封信。雖然馬克士威在信中提出的只是一種假想,卻包含著一顆在一個半世紀之後仍然影響重大的重磅炸彈。混亂的源頭是一個想像中的存有:「一種極為敏銳,能夠追蹤生命過程中每一個分子的存在」馬克士威用一個簡單的論點推論,這個小人國裡的實體(後來很快就被稱為惡魔),「能做到我們不可能做到的事情」。從表面上看,惡魔可以施展魔法,從混亂中召喚出秩序,並提供抽象的資訊世界和實體的分子世界之間有所關聯的第一個線索。

需要強調的是,馬克士威是一位知識巨人,他的地位足以與牛頓和愛因斯坦相提並論。在1850年代,他統一了電磁定律,並預測了無線電波的存在。他也是彩色攝影的先驅,並解釋了土星

環。更重要的是，他對熱理論做出了開創性的貢獻，計算出了在特定溫度下的氣體中，熱能如何在無數混亂運動中的分子間分配。

馬克士威惡魔是一個悖論，一個謎，一個對宇宙規律性的侮辱。它打開了一個潘朵拉的盒子，裡面充滿著關於秩序與混亂、成長與衰敗、意義與目的本質的謎題。儘管馬克士威是一位物理學家，但事實證明，惡魔思想最強大的應用並不在物理學，而在生物學。我們現在知道，馬克士威惡魔的魔法有助於解釋生命的神奇。但這項應用在很長一段時間後才會實現──一開始，惡魔的目的並不是要釐清「生命是什麼？」，而是另一個更簡單、更實際的問題：「熱是什麼？」

分子的魔法

馬克士威寫信給泰特時正是工業革命的巔峰期。與幾千年前新石器時代的農業革命不同，工業革命並不是透過反覆嘗試錯誤來進行的。蒸汽機和柴油發電機等機器，是科學家和工程師精心設計的，他們熟悉牛頓在 17 世紀首度闡釋的力學原理。牛頓發現了三大運動定律，這些定律說明了作用力與物體運動之間的關係，而這一切都可以用簡單的數學公式概括。到了 19 世紀，牛頓定律已普遍應用在設計隧道和橋梁，或是預測活塞和車輪的運作、它們產生的牽引力以及所需的能量上。

到了 19 世紀中葉，物理學已經成為一門成熟的科學，新興產業所帶來的大量工程問題，為物理學家提供了令人著迷的分析挑

戰。就和現在一樣，當時工業成長的關鍵在於能源。煤炭是重型機械最方便的動力來源，蒸汽機則是將煤炭的化學能轉化為機械牽引力的首選方式。最佳化能源、熱、功和廢棄物之間的平衡不僅是項學術活動，只要能適度地提高效率，就可以帶來龐大的利潤。

儘管當時的人已經非常理解力學定律，但熱的本質仍然令人困惑。工程師知道它是一種可以轉換成其他形式的能量──例如，轉換成運動能，這就是蒸汽火車背後的原理。但是利用熱來做有用的功，不僅僅是不同形式能量之間的簡單轉換而已。如果我們能夠不受限制地獲取所有熱能，世界將會變得截然不同，因為熱能是迄今為止宇宙中最豐富的能源。*例如，如果可以不受限制地利用熱能，太空船就可以完全依靠大爆炸後的熱餘輝來航行。或者，更貼近現實的是，我們可以僅靠水來為所有行業提供動力：一瓶水中的熱能就足以照亮我家客廳一小時。想像一下，駕駛一艘船時不必用其他燃料，只需要海洋的熱量！

可惜，這是無法做到的。1860 年代，討人厭的物理學家發現，能夠轉換為有用機械活動的熱量帶有嚴格的限制。這個限制源自於一個事實：能夠做功的是熱流，而不是熱能本身。要利用熱能，就必須在某個地方存在溫差。一個簡單的例子：如果一個熱水箱被放在一個冷水箱附近，那麼連接兩者的熱引擎就可以利用溫度梯度，執行如轉動飛輪或舉起重物之類的任務。引擎將從熱水中獲取熱量，將其傳送給冷水，從而在這個過程中提取一些

---

* 原注：這裡我忽略了物質的質量能量（它們大多是惰性的）和空曠太空中神祕的暗能量。

有用的能量。但當熱量從熱水箱轉移到冷水箱時，熱水會變冷，冷水會變熱，直到兩者之間的溫差縮小，引擎就會停止。最好的情況下可以達到什麼效果？答案取決於水箱的溫度，但假設一個水箱（藉由一些外部設備）保持在沸點（100℃），另一個水箱保持在冰點（0℃），那麼即使熱量沒有因洩漏到周圍環境而浪費，我們能預期的最好結果也只能將約27％的熱能提取為有用的功。宇宙中沒有工程師能做得更好了；這是自然界的基本法則。

物理學家一旦弄清楚了這點，就誕生了稱為熱力學的科學。熱力學第二定律指出我們不能將所有熱能都轉化為功。[*]同一個定律也說明了我們熟悉的事實：熱量是從熱流向冷（例如蒸氣流向冰），而不是反過來。話雖如此，如果消耗一些能量，就可以將熱量從冷轉移到熱。反向運轉的熱機，也就是消耗能量將熱量從冷轉移到熱的地方，這就是冰箱的基礎原理。冰箱是工業革命中最賺錢的一個發明，因為它可以將肉類冷凍並運送到千里之外。

為了理解馬克士威惡魔是如何產生的，現在先試著想像一下：有一個夠硬的箱子，裡面的氣體中有一端比另一端更熱。在微觀層面來看，熱能無非就是運動能──分子的不斷運動。系統越熱，分子的移動速度就越快：在盒子的熱端，氣體分子的移動平均來說會比在冷端更快。當運動速度較快的分子與運動速度較慢的分子碰撞時，它們會（平均而言，再次強調）將一定量的動能轉移到較冷的氣體分子上，從而提高氣體的溫度。一段時間之後，

---

[*] 原注：熱力學第一定律就是將熱作為能量形式時的能量守恆定律。

系統將達到熱平衡，氣體將在高溫和低溫之間的某個均勻溫度中穩定下來。熱力學第二定律禁止這個作用的反向過程：氣體分子自發地重新排列，使快速移動的分子聚集在盒子的一端，而緩慢移動的分子則聚集在另一端。如果看到這樣的事情發生，我們會把它視為奇蹟。

雖然熱力學第二定律在氣體箱的脈絡下很容易理解，但它不只適用於所有的物理系統，實際上還適用於整個宇宙。正是熱力學第二定律，在宇宙中創造了時間之箭（見 BOX3）。在最普遍的形式中，可以用一個叫做「熵」的量來理解。在這個故事中我將一次又一次地回到熵的各種概念中，但現在請將熵視為系統中無序程度的測量指標。舉例來說：熱代表熵，因為它描述了分子的混亂運動；當熱量產生時，熵就上升。如果一個系統的熵似乎在減少，只要從更大的局勢來看，你會發現熵在其他地方上升了；就像冰箱內的熵會下降，但熱量從冰箱後面散發出來，從而提高了廚房的熵。此外，還要支付電費帳單：我們必須產生電力，而發電過程本身會產生熱量，並提高發電廠的熵。只要我們仔細檢查帳目，熵總是會贏。在宇宙尺度上，第二定律意味著宇宙的熵永遠不會下降。**

** 原注：偉大的英國天文學家愛丁頓爵士（Sir Arthur Eddington）曾經寫道：「我認為，熵總是增加的定律在自然法則中占有至高無上的地位。如果有人向你指出，你所鍾愛的宇宙理論與馬克士威的電場方程式不一致——那麼就讓馬克士威方程式自認倒楣吧。如果你的理論與觀察結果相矛盾——好吧，這些實驗者有時確實會把事情搞砸。但如果你的理論違反了熱力學第二定律，那麼我真的不抱任何希望了；你別無選擇，只能在極度的屈辱中承認錯誤。」（Arthur Eddington, *The Nature of the Physical World*; Cambridge University Press, 1928, p.74）

BOX 3
熵和時間之箭

想像一下拍攝一部日常場景的電影，現在將其倒著播放；人們會發笑，因為他們看到的東西太荒謬了。為了描述這種普遍存在的時間之箭，物理學家引用了熵這個概念。這個詞有很多用途和定義，可能會引起困惑。但就我們的目的來說，最方便的做法是將熵當成一個度量，用以衡量一個具有許多組成部分的系統內的混亂程度。舉一個日常的例子，想像你打開一副花色與數字按順序排列的新撲克牌。現在洗牌；它們就變得不那麼井然有序了。熵透過計算由許多部分組成的系統可以亂序排列的次數，來量化這種轉變的程度。一副按照特定的數字順序排列（A、2、3……J、Q、K）的牌，**只有一種**排法，但不照順序就可以有**很多**排法。這個簡單的事實意味著，隨機洗牌極可能會增加無序性——或說熵，因為弄亂一副牌的方式比排整齊排列的方式要多得多。但請注意，這只是一個統計論點：一副亂七八糟的牌在洗牌後意外按數字順序排列的機率雖然非常小，但不是零。氣體箱也是一樣：氣體分子隨機地四處運動，因此存在一個有限的機率——當然，是一個極小的機率——快速分子聚集在一端，而慢速分子聚集在另一端。因此更準確的說法是：在一個封閉系統中，熵（或無序程度）極有可能（但不是絕對一定會）上升或保持不

變。氣體的最大熵——以最多的排列方式可以達到的特定宏觀狀態——對應於熱力學平衡，此時氣體的溫度和密度處於均勻的狀態。

到了 19 世紀中葉，熱、功和熵的基本原理以及熱力學定律，已經發展得十分完善。人們堅信最後一定能夠理解熱的原理，熱的性質也能與物理學的其他部分無縫銜接。然而惡魔出現了；馬克士威透過一個簡單的推測，打擊了熱力學第二定律的基礎，顛覆了人們對這個新發現的理解。

以下是馬克士威在給泰特的信中提出的要點：我曾提到氣體分子會四處快速移動，氣體越熱，分子就走得越快，但並非所有分子都以相同的速度運動。在固定溫度下的氣體中，能量是隨機分配的，而不是均勻分配，這意味著有些分子移動得比其他分子更快。馬克士威自己精確地計算了能量在分子之間的分布——哪些分子的速度是平均速度的一半，哪些是平均速度的兩倍，諸如此類。馬克士威意識到，即使是在熱力學平衡中，氣體分子也有各種速度（以及能量），這讓他產生了一個奇怪的想法。假設我們有可能使用一種巧妙的裝置，在不消耗任何能量的情況下，將快分子與慢分子分開；這種分揀過程實際上會產生溫差（快速分子在這裡，慢速分子在這裡），於是熱引擎就可以利用溫度梯度做功。只要運用這項程序，我們就可以在沒有任何外部變化的情況下，將均勻溫度的氣體的部分熱能轉化為功，這明顯違反了第二

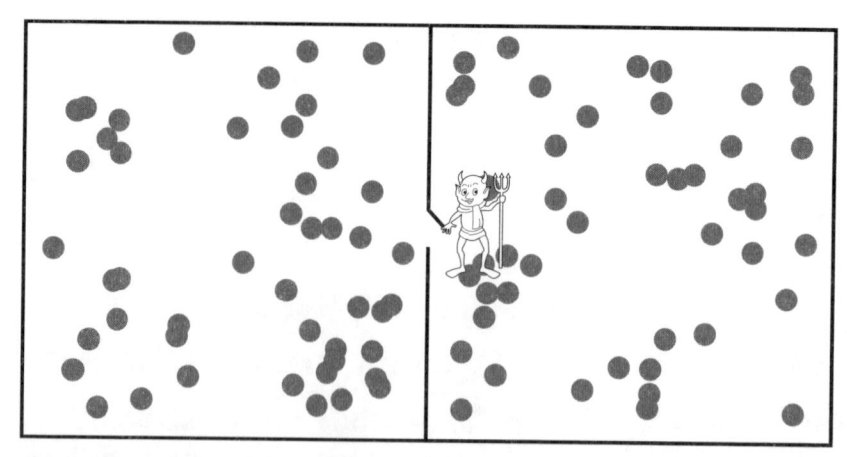

圖3：一箱氣體被一塊有小洞的隔板分成兩個空間，小洞可以用遮板遮住，分子可以一個接一個地通過小洞。

一個迷你惡魔觀察著隨機移動的分子並操作遮板，讓快速移動的分子從左邊的空間移動到右邊的空間，而慢速移動的分子朝另一個方向移動。過了一會兒，右邊分子的平均速度將明顯大於左邊分子的平均速度，這意味著兩個空間之間已經形成溫差。利用熱梯度操作引擎，就可以產出有用的功。因此，惡魔將無序的分子運動轉化為受控的機械運動，從混亂中創造秩序，帶來發明永動機的可能性。

定律。實際上，這個裝置會逆轉時間之箭，帶來發明某種永動機的可能性。

目前一切都很令人震驚，但在將大自然法則丟進垃圾桶之前，我們需要先面對一個非常明顯的問題：如何真正做到把快分子和慢分子分開。在信中，馬克士威大略提到他對如何完成這一目標的想像：基本想法是用一個硬質隔板將氣體箱分成兩半，隔板上有一個非常小的洞（見圖3）。在不斷轟擊隔板的大量分子中，會有少量分子剛好到達洞所在的位置，這些分子將進入箱子的另一半；如果洞夠小，每次只有一個分子能夠穿過它。如果任其發

展，兩個方向的交通流量將會趨於平均，溫度也會保持穩定。但現在想像一下，如果我們用可移動的遮板堵住這個洞，此外，假設有一個微小的生物——一個惡魔——駐紮在洞旁操作遮板。如果他夠靈活，可以只讓慢分子從一個方向穿過洞口，且快分子從另一個方向穿過洞口。只要這個過程持續進行足夠長的時間，惡魔將能夠提高隔板一側的溫度，降低另一側的溫度，並在不消耗任何能量的情況下產生溫差[*]：免費從分子混亂中產生秩序。

對馬克士威和他的同時代的人來說，一個能操縱遮板、違背自然法則「熵永遠不會減少」的惡魔，似乎是個很荒謬的想法。他的論點中顯然遺漏了一些內容，但是什麼呢？「畢竟現實世界中並沒有惡魔？」那不成問題；馬克士威的論證屬於所謂的「思想實驗」，即指向一些重要科學原理的假想場景。它們不必是實際可行的建議。這類思想實驗在物理學中由來已久，並且常常能帶來重大的認知進步，最後催生實用的設備。無論如何，馬克士威不需要某個真正的生物來操作遮板，只需要一個能夠執行這種分類任務的分子尺度設備。在他寫信給泰特時，馬克士威的提議簡直是異想天開；他可能根本不知道惡魔般的實體確實存在。事實上，就存在於他自己的身體裡！但分子惡魔與生命之間的關聯要等到一個世紀後才會揭示。

---

[*] 原注：馬克士威假設惡魔和遮板是功能良好的裝置，沒有摩擦，也不需要電源。這無疑是一種理想化的想法，但目前尚無已知的原理可以阻止我們接近這種機械上的完美狀態。請記住，摩擦是一種肉眼尺度的特性。有序的運動，如一個球在地板上滾動，會轉化為無序的運動——熱量，其中球的能量會消散在數萬億個微小粒子中。但在分子尺度上，一切都很微小，摩擦並不存在。稍後我將描述一些實際的惡魔伎倆。

同時，除了「給我看一個惡魔！」這種反對意見之外，馬克士威的論證似乎沒什麼大問題。幾十年來，它就像一個難以面對的真相，位於物理學的核心，是個大多數科學家選擇忽略的可憎悖論。事後來看，我們現在發現這個悖論的解決方案近在眼前：為了有效將分子分為快分子和慢分子，惡魔必須收集有關分子速度和方向的資訊。結果是，把資訊引入物理學，將為今天才剛開始展開的科學革命敞開一扇大門。

測量資訊

在進入整體情況之前，我們需要先深入探討一下資訊的概念。我們在日常生活中經常使用資訊這個詞彙，從公車時刻表到軍事情報，在各種情況都有。數百萬人在資訊科技公司工作；蓬勃發展的生物資訊領域吸引了數十億美元的資金。美國經濟在很大程度上就是以資訊產業為基礎，該領域現在是日常生活的一部分，我們通常將其簡稱為「IT」。但這種漫不經心的熟悉感掩蓋了一些深刻的概念問題。首先，資訊究竟是什麼？看不到，摸不到，也聞不到，卻影響著每一個人。畢竟它為加州提供了資金！

資訊的概念最初來自人與人之間的交談；例如，我可能會「告知」學生他們的考試成績，或者你可以提供我找到最近餐廳所需的資訊。從這個意義上說，資訊是一個純粹抽象的概念，就像愛國主義、政治操作或愛。另一方面，資訊顯然在世界上發揮了實質作用，尤其是在生物學中；生物 DNA 中儲存資訊的變化，可

能會產生突變的後代，並改變演化的過程。資訊改變著世界。我們可能會說它具有「因果力」（causal power，影響因果關係的能力）。科學面臨的挑戰，是要弄清楚如何將抽象的資訊與充滿實質物體的具體世界耦合起來。

為了在這些深刻的問題上取得進展，我們首先必須對資訊未經修飾的原始意義，提出一個精確定義。拿我用來寫這本書的電腦來看，C槽磁碟機可以儲存237Gb的資訊，該機器聲稱能以3GHz的速度處理資訊。如果想要更多的儲存空間和更快的處理速度，我就必須支付更多費用。人們經常談論類似這樣的數字。但是Gb和GHz到底是什麼？（警告：這部分會包含一些初階數學，這是本書唯一包含這些內容的部分。）

1940年代中期開始，工程師香農（Claude Shannon）開始認真進行量化資訊的研究工作。香農是個古怪又有點孤僻的人，他在美國貝爾實驗室工作，主要關注的問題是如何準確地傳輸加密資訊。這個計畫一開始是為戰爭服務：如果你被充滿嘶嘶聲的收音機或劈啪作響的電話線所困擾，要採取什麼策略，才能以最少的錯誤率傳出訊息？香農開始研究如何對資訊進行編碼，以盡量減少資訊混亂的風險。該計畫最後在1948年出版了《通訊的數學理論》（*The Mathematical Theory of Communication*）[2]。這本書在出版時並沒有引起轟動，但歷史將會證明它代表了科學史上的一個關鍵事件，直指薛丁格問題的核心：「生命是什麼？」

香農的起點是採用一個在數學上嚴格的資訊定義，他的選擇開啟了不確定性的概念。簡單來說，獲取資訊時，你正在學習

一些你以前不知道的東西；因此，你對那件事的不確定性就變小了。想像一下：拋擲一枚公正的硬幣時，擲出正面或反面的機率都是50%。只要你不查看它落地時的情況，就完全不知道結果會如何；但當你看到硬幣落地時，這種不確定性就會減少（在這個例子中，不確定性為0%）。像正面或反面這樣的二進制選擇是思考起來最簡單的，並且與電腦直接相關──因為電腦代碼就是以二進制算術形式制定的，僅由1和0組成。這些符號的實體操作只需要一個雙狀態系統，例如一個可以開啟或關閉的開關。在香農之後，「二進位制數字」或簡稱「位元」，就成為量化資訊的標準方式。（順道一提，一個位元組是8位元〔2^3〕，位元組就是Gb中的b〔千兆位元或十億位元組〕。資訊處理速度以GHz表示，代表「千兆赫茲」，或說每秒改變十億個位元的狀態。）當你注視著公平硬幣拋擲的結果時，你就可以透過將兩個同樣可能的狀態合併為一個確定狀態，來獲得一點資訊。

那麼一次扔兩枚硬幣會怎麼樣？當你檢查結果，就會產生兩個資訊單元（位元）。然而注意了，當你有兩枚硬幣時，就會有四種可能的狀態：正─正、正─反、反─正和反─反。三枚硬幣就有八種可能的狀態，檢查硬幣就能得到三位元；四枚硬幣有十六種狀態，得到四位元；五枚硬幣有三十二種狀態⋯⋯以此類推。注意它的規律：$4 = 2^2$、$8 = 2^3$、$16 = 2^4$，$32 = 2^5$⋯⋯可能狀態的數量，就是2的硬幣數量的次方。相對地，如果想知道觀察擲硬幣的結果所能獲得的位元數，就必須反轉這個公式，計算以2為基數的對數。因此，$2 = \log_2 4$，$3 = \log_2 8$，4

$= \log_2 16$，$5 = \log_2 32$……熟悉對數的讀者會發現，這個公式使資訊位元可以相加。例如，2 位元 + 3 位元 = 5 位元，因為 $\log_2 4 + \log_2 8 = \log_2 32$，而且五個公平硬幣確實有三十二個同樣可能的狀態。

現在，讓我們假設各種狀態發生的機率並不相同，例如硬幣被動了一些手腳。在這種情況下，檢查擲硬幣結果時獲得的資訊將會變少。如果結果完全可以預測（機率 = 1），那麼檢查硬幣將不會讓你獲得任何額外資訊——你將獲得 0 位元。在現實世界的大多數通訊中，機率確實不是統一的。例如在英語中，字母 a 的出現機率比字母 x 高得多，這就是為什麼拼字遊戲《Scrabble》在計分時，各個字母給予的分數不同。另一個例子是：字母 q 的後面總是跟著 u，因此 u 是多餘的；在 q 後面接收到 u 不會得到更多的資訊，所以浪費資源在編碼訊息中傳送它並不值得。

香農研究了如何透過取加權平均值，來量化非均勻機率情況下的資訊。為了說明如何操作，讓我舉一個非常簡單的例子。假設你擲出一個不公正硬幣，其中正面朝上的機率平均是反面朝上的機率的兩倍——也就是說，正面的機率為三分之二，反面的機率三分之一（機率加起來必須為 1）。根據香農的見解，對應硬幣正面或反面的位元數，只要根據其相對機率來加權就能算出。因此，透過檢查拋擲這枚特製硬幣的結果，可以獲得的資訊位元數平均為 $-\frac{2}{3}\log_2\frac{2}{3} - \frac{1}{3}\log_2\frac{1}{3} = 0.92$ 位元，略少於可能性相等的結果 1 位元。這是有道理的：如果你知道正面朝上的機率是反面朝上的兩倍，那麼結果的不確定性就比擲一枚公平硬幣要小，因

此透過觀察能減少的不確定性也較小。舉一個更極端的例子：假設正面的機率是反面的七倍。現在，每次擲硬幣的平均資訊位元數僅有 $-\frac{7}{8}\log_2\frac{7}{8} - \frac{1}{8}\log_2\frac{1}{8} = 0.54$ 位元。另一種表達某個問題的答案有多少資訊的方式，就是得知答案時的平均驚訝程度。由於這枚硬幣正面朝上的次數如此之多，查看這枚硬幣時通常不會太令人感到驚訝。*

稍加思考就會發現，香農的分析可以直接應用在生物學上。生物的訊息是用通用遺傳密碼的形式儲存在 DNA 中。基因的資訊內容會透過 mRNA 傳送到核糖體，然後被解碼，用於從氨基酸序列中構建蛋白質。正如我所解釋的，mRNA 的資訊通道本質上是有雜訊的，也就是說它很容易出錯。因此，生命的使用手冊，可以和香農對於在吵雜通訊頻道發送編碼訊息所做的分析合理地等同起來。

關於一個生物體包含多少資訊，「驚訝因素」告訴了我們什麼？好吧，生命是一種令人感到極為驚訝的現象**，所以我們可能會預期它擁有很多香農的資訊。確實如此：你身體的每個細胞都含有大約十億個 DNA 鹼基，它們按照四個字母的生物字母表的特定排列順序。可能的組合數量是 4 的十億次方，即 1 後面跟著一億多個零。相較之下，宇宙中的原子數量約為 1 後面跟著

---

* 原注：一般公式為 n = –log2p，其中 n 是位數，p 是每個狀態的機率。這個數字必須是 0 到 1 之間的數字，因此需要一個負號。

** 原注：確實如此。我坐在雪梨附近的海灘上寫了本書的這一部分。當我寫到驚訝這部分時，一隻流浪狗突然從我的鍵盤上走過。以下是它在這個討論中要補充的內容：「V tvtgvtvfaal」請讀者自己評估這隻狗的感嘆詞的資訊內容。

大約八十個零，根本微不足道。根據香農的計算公式，對這條DNA鏈中所含的資訊取對數，結果約為二十億位元，比美國國會圖書館中所有書籍所包含的資訊量更多。所有這些資訊都被壓縮在火柴頭兆分之一的體積中，而DNA所包含的訊息也只是細胞內全部訊息的一小部分。這一切都顯示了生命對資訊的重視程度有多深。***

香農發現他以位元量化資訊的數學公式，除了減號外，其他部分與物理學家的熵公式相同；這顯示了，資訊在某種意義上，就是熵的相反。如果你把熵想成無知，這種關聯就不奇怪了。讓我解釋一下：先前我曾描述熵如何作為無序性或隨機性的度量（見BOX3）。無序性是大型集合體的集體屬性；畢竟，說單一分子是無序的或隨機的並沒有意義。熵和熱能等熱力學量，是透過參考大量粒子的數據來定義的，例如四處飛奔的氣體分子，並在不考慮單一粒子細節的情況下，對它們進行平均。（這種平均有時也稱為粗粒度視野〔coarse-grained view〕）因此，氣體的溫度與氣體分子的平均運動能量有關。關鍵在於，每當我們取平均值時，就會有

*** 原注：DNA驚人的資料儲存特性在科學家中催生了一種家庭手工業，將詩歌、書籍甚至電影上傳到微生物的DNA中（在不殺死它們的情況下）。凡特（Craig Venter）是這領域的先驅，他在他的作品中插入了「浮水印」，包括將物理學家費曼（Richard Feynman）的一句貼切名言嵌入到他實驗室中重新設計的一個微生物的定制基因組中。最近，一群哈佛大學的生物學家對麥布瑞吉（Eadweard Muybridge）於1878年拍攝的知名電影影像《飛馳中的馬》（*The Horse in Motion*，以證明四條腿可以同時離開地面）的數位版本進行了編碼，並將其嵌入到活大腸桿菌群體的基因組中。請參閱由Seth L. Shipman等人所作的〈利用CRISPR-Cas技術將數位編碼電影到活細菌群體的基因組〉（'CRISPR–Cas encoding of a digital movie into the genomes of a population of living bacteria'，《自然》第547期，2017年，p.345–349）這些壯舉不僅僅是一種消遣；他們以圖形方式展示了一項技術，這個技術為將「數據紀錄」設備插入細胞以追蹤生命過程的方式奠定基礎。

一些資訊被丟棄；也就是說，我們接受了一些無知。倫敦人的平均身高並不能告訴我們某個特定的人的身高，同樣的，氣體的溫度並不能告訴我們特定氣體分子的速度。簡而言之：資訊是關於你所知道的事情，而熵是關於你所不知道的事情。

正如我所解釋過的，如果你丟一枚公正硬幣，看看結果，你會得到正好 1 位元的資訊。那麼，這是否意味著每枚硬幣都「包含」1 位元資訊？嗯，是也不是。「硬幣包含 1 個位元」這個答案假設的是，可能的狀態數量是兩個（正面或反面）。這是我們通常思考丟硬幣的方式，但這個附加標準不是絕對的；它與觀察的性質和你選擇的度量有關。例如，硬幣正面的「人頭」圖像中有很多資訊，反面也一樣。如果你是一個熱情的錢幣學家，而且事先對硬幣的生產國家或年份一無所知，那麼你的相關無知程度（硬幣正面是誰的圖像？）會比一個位元大得多，也許是千位元。在擲出正面後觀察（哦，這是 1927 年英國硬幣上的喬治五世國王像），你會獲得更多的資訊。所以「一枚硬幣包含多少位元的資訊？」這個問題，顯然是沒有定義的。

DNA 也出現了同樣的問題：一個基因組儲存了多少資訊？早些時候，我給出了一個典型的答案（比國會圖書館更多）。但這個結果隱含的是，DNA 鹼基以四個字母的符號系統出現——A、T、C、G。這意味著，如果我們對序列沒有其他瞭解，那麼猜出某個特定鹼基在 DNA 分子上的機率為四分之一。因此，實際測量鹼基時，會產生 2 位元資訊（$\log_2 4 = 2$）。然而，這種邏輯背後隱藏著一個假設，即所有鹼基的機率都是一樣的，但這並不

正確。例如，有些生物體的 G 和 C 含量豐富，但 A 和 T 的含量低。如果你知道你正在處理這樣的生物體，你會改變不確定性的計算：如果你的猜測是 G，那麼正確的可能性比猜測 A 的可能性更大。結論就是：透過查詢 DNA 序列獲得的資訊量，取決於你知道什麼，或者更準確地說，取決於你不知道什麼。因此，熵取決於觀察者的眼光。*

結果是，人們無法以任何絕對的方式說明某個物理系統中有多少資訊。[3] 然而，我們當然可以說自己透過測量**獲得**了多少資訊：如前所述，資訊是對被測量系統的無知或不確定性程度的減少。即使整體的無知程度是不明確的，不確定性的**減少**仍然可以得到完美的定義。

一點點知識是一件危險的事

如果資訊改變了世界，我們該如何看待它？它是否遵循自己的規律，或只是受制於其嵌入的物理系統、受其規律所支配？換句話說，資訊是否以某種方式超越了物理定律（即使實際上並沒有改變），或者，用行話來說，它只是一種依附於物質的附帶現象？

---

* 原注：為了將這個觀點發揮到極致，讓我回到硬幣的例子。硬幣的每個原子在空間中都有一個位置。如果你能夠測量每個原子的位置，那麼所獲得的資訊將是天文數字。如果我們忽略量子力學，一個粒子如電子，據我們所知它根本沒有大小（它是一個點），將代表無限的資訊量，因為需要一組三個無限長的數字，來指定它在三維空間中的確切位置。如果僅僅一個粒子就具有無限的訊息，那麼整個宇宙的總資訊內容肯定是無限的。

資訊本身真的有起到什麼作用嗎？或者只是物質因果活動的顯影劑？資訊的流動與物質或能量的流動有可能分離嗎？

為了解決這些問題，我們首先必須找到資訊和物理定律之間的關聯。這種關聯的第一個跡象就在馬克士威的惡魔上，但直到1920年代才獲得確認。當時，居住在柏林的匈牙利猶太人西拉德（Leo Szilárd）決定更新馬克士威的思想實驗，使其更容易分析。*在題為〈論智慧生物的干預對熱力學系統中熵的減少〉[4] 的論文中，西拉德透過思考一個只包含單一分子的盒子，簡化了馬克士威的設定（見圖4）。盒子的其中一面牆接觸一個穩定的外部熱源，使牆壁產生了震盪。當被困的分子撞擊到震盪中的牆壁時，就會發生能量交換：如果分子移動緩慢，它很可能會受到來自牆壁的衝擊，而加快速度。如果外部熱源的溫度升高，牆面會震盪得更厲害，分子從更劇烈震動的壁面上反彈，平均下來會運動得更快。**像馬克士威一樣，西拉德在他的（無可否認是高度理想化的）思想實驗中加入了惡魔和隔板，但取消了洞和遮板。西拉德的惡魔可以在不耗費能量的情況下，將一面放在盒子中間的隔板移入和移出盒子（盒子上需要有插槽）。此外，隔板可以自由地在盒子內來回滑動（無摩擦）。整個裝置被稱為西拉德引擎。

---

* 原注：像薛丁格和其他許多人一樣，西拉德最終逃離了納粹歐洲。他前往英國，然後去了美國——這對盟軍來說是幸運的，因為他參與了早期的核分裂實驗。正是西拉德預見了德國製造原子彈的可能性，並說服愛因斯坦於1939年簽署了一封致羅斯福總統的聯署信，敦促美國研發自己的核武。

** 原注：由於熱波動是隨機的，分子的移動速度通常會比平均速度更慢或更快，但可以想像一個由相同的單一分子盒子組成的大集合，一旦盒子中的分子和熱源之間建立了平衡，分子集合的速度分佈將精確地反映出相同溫度下氣體的速度分佈。

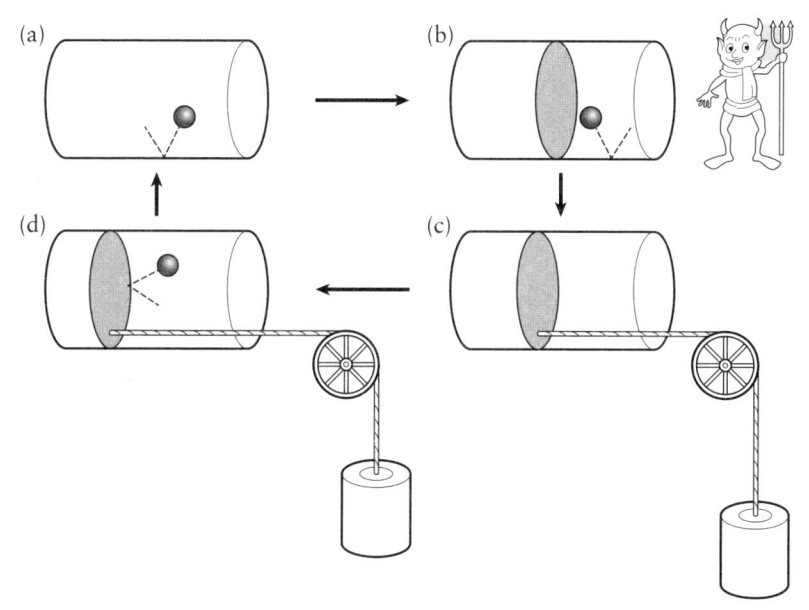

圖4：西拉德的引擎

一個盒子中包含了一個氣體分子，分子可以位於盒子的右側或左側。（a）最初，分子的位置是未知的。（b）惡魔在盒子的中間插入一個隔板，然後觀察分子是在右邊還是在左邊。（c）記住這些資訊後，惡魔將一個重物附加到隔板的相應一側（如圖所示，如果分子在右邊，惡魔會將重物連接到隔板的右邊）。（d）由於分子具有熱能而高速移動，會與隔板相撞，並使隔板向左移動，從而抬起重物。透過這種方式，惡魔能利用分子位置的資訊，將隨機的熱能轉化為有序的功。

　　從隔板開始，惡魔的任務就是確定分子位於盒子的哪一邊。然後，惡魔在盒子的中點插入可移動的隔板，將其一分為二。接下來是關鍵步驟：當分子撞擊隔板時，會稍微推動一下隔板。因為隔板可以自由移動，所以它會產生後座力並因此獲得能量；相反地，分子會失去能量。雖然按照人類的標準，這些小分子的撞擊力道很小，但（理論上）可以透過增加小分子的重量來製造有用的功。要做到這一點，只要將重物用一條繫繩綁在盒子一側的

隔板上；通常重物會下降，而不是上升（見圖 4c）。但因為惡魔知道分子的位置，所以他也知道該在隔板的哪一邊連接繫繩（原則上，這種連接也可以用幾乎不消耗能量的方式完成）。因此，有了這點知識——即分子的位置訊息，惡魔就能順利將分子的一些隨機熱能，轉化為有用的定向功。等隔板被推動到盒子的末端，此時惡魔可以解開繫繩，將重物固定，並把隔板從盒子末端的插槽中滑出（這些步驟原則上來說，都不需要能量）。當分子再次與震盪的盒子牆壁相撞時，就能輕易地補充提起重物所消耗的能量，然後重複整個循環。*結果將會再次將能量從穩定的熱庫轉移到重物，以百分之百的效率將熱量轉化為機械功，這會讓熱力學第二定律的整個基礎受到嚴重的衝擊。

　　如果這就是故事的全部，西拉德的引擎將成為發明家的夢想。不用說，事實並非如此。關於惡魔的非凡能力，有一個顯而易見的問題：首先，他如何知道分子在哪裡，他能看到分子嗎？如果可以，他是如何做到的？假設惡魔將光照射到盒子裡來照亮分子，勢必會有一些無法回收的光能變成熱能。粗略的計算顯示，資訊收集的過程會抵消惡魔創造的任何好處。試圖違反第二定律，就需要付出熵的代價。西拉德得出的結論堪稱合理：這個

---

* 原注：使用香農的公式可以更精確地瞭解惡魔。在西拉德引擎中，分子位於盒子左側和右側的可能性是相等的。透過觀察，惡魔將不確定性從 50：50 降低到 0，因此（根據香農公式）獲得恰好 1 位元的資訊。當這個單獨的部件用於舉起重物時，從熱庫中提取的能量取決於溫度 T。溫度越高，力量越大。透過計算，人們很快就發現，西拉德引擎理論上提取的最大功量為 $kT\log_2 2$。這裡需要用 k 這個量（稱為波茲曼常數〔Boltzmann's constant〕）來表達以能量為單位（例如焦耳）的答案。代入這些數字，在室溫下，一個訊息位元能產生 4×10^{-21} 焦耳的能量。

代價就是測量的成本。

終極筆記型電腦

如果不是出現了一個完全不同的科學分支——電腦產業，事情可能到此為止了。雖然惡魔確實必須獲得有關分子位置的資訊，但這只是第一步。這些資訊必須在惡魔小小的大腦中處理，使其能夠決定如何以適當的方式操作隔板。

當西拉德發想他的引擎時，資訊科技和電腦還遠在未來的二十多年之後。但到了1950年代，我們今天所熟悉的一般用途的數位電腦（比如我正在寫這本書的電腦）正在飛速進展中。推動這一成就的領導企業是IBM。該公司在紐約州北部成立了一個研究機構，招募了數學和計算領域最聰明的人才，並交付給他們發現「計算定律」的任務。電腦科學家和工程師渴望發現限制計算內容和計算效率的基本原理。在這項努力中，電腦科學家追溯了19世紀物理學家嘗試找出熱機基本定律的類似步驟，但這次有個引人注目的改進。由於電腦本身就是實體設備，因此出現了一個問題：計算定律如何與控制電腦硬體的物理定律相互協調——特別是熱力學定律。這個能讓馬克士威惡魔復活的領域，現在已經成熟了。

德國出生的物理學家蘭道爾（Rolf Landauer）是這個艱鉅挑戰的先驅者，他也逃離了納粹，來到美國定居。蘭道爾對計算的基本物理極限很感興趣。在膝上使用筆記型電腦時，電腦會變熱，

這是一個常見的經驗。計算產業的一個主要財務負擔就與處理這種廢熱有關，例如使用風扇和冷卻系統，更不用說支付這一切的電費了。僅在美國，每年就要為處理電腦產生的廢熱損失三百億美元的國內生產毛額，而且這個數字還在繼續上升。

電腦為什麼會產生熱量？原因有很多，但其中一個原因觸及了「計算」（computation）一詞的核心意義。用長除法等簡單算術問題為例，這個問題也可以用鉛筆和紙來完成。當你從兩個數字（分子和分母）開始，最後得到一個數字（答案），你也會留下為得到這個數字所需的計算過程記下的潦草筆跡。如果你只對答案感興趣——用電腦術語來說就是「輸出」——那麼輸入的數字和所有的中間步驟都可以丟掉。刪除這些步驟，會使計算在邏輯上不可逆：你無法透過查看答案來判斷問題是什麼（例如 12 可能是 6×2 或 4×3 或 7＋5）。電子計算機也可以做同樣的事。它們會取得輸入資料、進行處理、輸出答案，並且（通常只有在需要釋放記憶體時）不可逆地刪除儲存的資訊。

消除資訊的行為會產生熱量。這在長除法的例子中也已經夠熟悉了：用橡皮擦去除鉛筆痕跡會產生很大的摩擦力，摩擦意味著熱量，熱量意味著熵。即使是複雜的微晶片，在去除 1 和 0 時也會產生熱量。* 如果有人可以設計一台能夠處理資訊，而不會產生任何熱量的電腦呢？它就可以免費運行：終極筆記型電腦！[5] 任何取得如此成就的公司，都可以立即在電腦事業中佔

---

* 原注：實際上，消除 1 和 0，與將電腦記憶體的狀態重設為某個標準狀態（例如全為 0，從而建立「白板」）之間存在重要差異。蘭道爾研究的就是後者。

據主導地位，難怪 IBM 會對此感興趣。可惜的是，蘭道爾為這個夢想潑了冷水；他認為，當電腦處理的資訊屬於邏輯上不可逆的操作時（如上面的算術例子），只要系統為下一次的計算進行重置，勢必就會有耗散的熱量。他計算了去除一位元資訊所需的最小熵量，這個結果現在被稱為蘭道爾極限。以下資訊提供好奇的人參考：在室溫下，去除一位元資訊會產生 2.75×10^{-21} 焦耳，大約是煮沸水壺所需熱能的一百萬兆分之一。這不是很多熱量，卻確立了一個重要的原則。透過展示邏輯計算和熱生成之間的關聯，蘭道爾發現了物理學和資訊之間的深層關係；這種關係不是西拉德那種相當抽象的惡魔，而是在今天電腦產業所理解的非常具體的（即與經費相關）的意義上。[6]

從蘭道爾開始，資訊不再是一種模糊而神祕的量，而是牢牢地扎根於物質之中。為了總結這種思維上的轉變，蘭道爾說了一句著名格言：「資訊是物理的！」[7] 他的意思是，所有的資訊都必須與實體物質連結：資訊並不是自由地漂浮在以太中。例如，電腦中的資訊是以特定模式儲存在硬碟上。資訊之所以成為一個難以捉摸的概念，是因為資訊的特定物理實例（實際載體）看起來往往不重要。你可以將硬碟內容複製到隨身碟上，透過藍芽播放，或透過雷射脈衝透過光纖傳送，甚至可以送到太空。只要操作正確，當資訊從一種物理系統轉移到另一種物理系統時，資訊就會保持不變。載體的這種獨立性似乎賦予了資訊「自己的生命」——讓資訊成為一種自主的存在。

從這個方面來說，資訊與能量有一些共同的屬性。像資訊一

樣，能量可以從一個物理系統傳到另一個物理系統，且在適當的條件下，能量是守恆的。那麼，人們會說能量是自主存在的嗎？想想牛頓力學中的一個簡單問題：兩個撞球的碰撞。假設一個白球被巧妙地推向一個靜止的紅球，發生了碰撞，然後紅球飛向球袋。此時說「能量」導致紅球移動，是正確的說法嗎？的確，推動紅球需要白球的動能，其中一部分的能量在碰撞中被傳遞了。所以，從這個意義上說，是的，能量（精確來說是能量傳遞）是一個起因因素（causative factor）。然而，物理學家通常不會用這些術語來討論這個問題；他們只會說白球擊中了紅球，導致紅球移動。但因為動能具體表現在球中，所以球去哪裡，能量就去哪裡。因此，將因果力歸因於能量並沒有錯，但有點不切實際。人們可以對碰撞進行完全詳細而正確的描述，而無須提及任何有關能量的內容。

談到資訊時，我們是否處於相同的處境？我們是否可以這樣討論訊息，好像它具有因果力一樣，即使這些力量最終都歸屬於實現該資訊的基本物質（或領域）？資訊是真實的嗎？或者只是思考複雜過程的權宜方式？在這個問題上並沒有共識，不過我會大膽地回答：是的，資訊確實有一種獨立的存在，也確實具有因果力。我之所以得出這個觀點，部分原因是我將在下一章中描述的一項研究，該研究包含追蹤資訊在網路中的移動模式，發現資訊確實似乎遵循著某些普遍規則，且這些規則超越了實際產生位元的實體硬碟。

解讀惡魔的心靈

　　如果蘭道爾極限確實是資訊的基本原理，那麼它也必須適用於惡魔大腦中處理的資訊。然而，蘭道爾本人並沒有進行這方面的研究。直到二十年後，另一位 IMB 科學家本內特（Charles Bennett）才對此進行了研究。主流觀點仍然是惡魔無法違反熱力學第二定律，因為惡魔透過滑稽動作獲得的任何減少熵的好處，都會被最初感知分子所產生的熵值成本給抵消。但對此事進行深入思考後，本內特懷疑公認的觀念存有缺陷。他研究出一種在不產生任何熵的情況下，檢測分子狀態的方法。*本內特認為，如果要拯救第二定律，那麼要補償熵的成本就必須來自其他地方。乍看之下，答案是顯而易見的：計算的不可逆性質──即輸出答案時被合併的數字。如果直接進行這個步驟，一定會產生熱量。但即使在這裡，本內特也發現了漏洞：他指出，所有的計算實際上都是可逆的。這個想法很簡單：在鉛筆和紙的例子中，為了反向進行長除法，只要記錄輸入和所有中間步驟就夠了。你可以輕鬆地從答案開始，倒著輸出問題，因為你需要的一切都在紙上。在電子計算機中，可以利用專門設計的邏輯閘來實現相同的事情，只要連接這些邏輯閘的電路，就可以把所有資訊以某種形式保留在系統的某個地方。透過這種設置，既沒有去除任何位元，也不會產生熱量；熵不會增加。我應該強調的是，今天的電腦與

---

* 原注：他舉的例子非常理想化，不需要太介意。

理論上可能的可逆計算架構確實相去甚遠。但我們在這裡處理的是深層的原理問題；目前沒有已知的理由指出未來無法達到理論極限。

現在，就惡魔而言，我們又回到了原點。如果他能以可忽略不計的熵成本，獲取有關分子的資訊，並在其小小的大腦中可逆地處理這些資訊，且毫不費力地操作遮板；那麼通過一次又一次地重複這個過程，惡魔就能夠產生永動機。

這裡出了什麼問題？根據本內特的說法，問題隱藏在「一次又一次」的這個條件中。[8] 讓我們仔細考慮一下：惡魔必須處理獲得的資訊，才能正確操作。原則上，這種處理可以可逆地進行，而且不會產生熱量，但前提是惡魔在記憶中保留了計算所需的所有中間步驟。很棒。但如果惡魔重複這個把戲，就會增加更多資訊，而且在下一個循環又增加更多資訊，以此類推。隨著時間的推移，惡魔的內部記憶體勢必會被資訊位元塞滿。因此，只要有足夠的記憶體空間，計算順序都可以逆轉；但為了以真正無窮的方式運作，一個有限的惡魔需要在每個週期結束時進行洗腦；也就是說，在開始下一個週期之前，必須清除惡魔的記憶，將其狀態重置為初始狀態。這一步正是惡魔的致命弱點。本內特證明，去除資訊的行為產生了剛剛好的熵，抵消了惡魔明顯違反第二定律的行為。

儘管如此，惡魔這個主題仍然持續引起異議和爭議。例如，如果一個人有無窮無盡的惡魔可以供應，當一個惡魔的大腦塞滿時，另一個惡魔就取而代之，這樣會發生什麼事？此外，一個更

一般的分析顯示，你可以製造一個惡魔，其中感知和擦除記憶的熵總和永遠不能小於蘭道爾極限。在這個系統中，熵的負擔可以在感知和擦除之間以任何比例分配。[9] 仍有許多問題懸而未決。

資訊引擎

我描述惡魔的方式——作為智慧能動者（agent）的運作方式，聽起來仍然有點神祕。他肯定不必具有知覺，甚至不必具有日常意義上的智能，對吧？一定有可能用一種沒有思維的小裝置——一個惡魔般的自動機器——來代替惡魔，以實現同樣的功能。最近，馬里蘭大學的賈辛斯基（Christopher Jarzynski）和同事們就設計了這種裝置，他們稱之為資訊引擎。它的工作方式如下：「它有系統地從單一熱庫中提取能量，並將該能量輸送到重力作用下的一個物體上，同時將資訊寫入暫存器」。[10] 雖然這幾乎不是一個實用的設備，但他們想像中的引擎提供了一個巧妙的思想實驗，以評估熱量、資訊和功的三向混合作用，並幫助我們發現它們的相對平衡。

賈辛斯基的這個裝置看起來就像是個兒童玩具（見圖6）。惡魔本身只是一個可以在水平面上旋轉的環。一根垂直桿與環的軸線對齊，桿上附有垂直於桿的槳片，像可動設備一樣以不同的角度伸出，並在桿上無摩擦地旋轉。槳片的精確的角度並不重要；重要的是它們位於環軸的左側還是右側。如果槳片在左邊，它們代表 0；在右邊，就代表 1。這些槳片就是惡魔的記憶，只是一

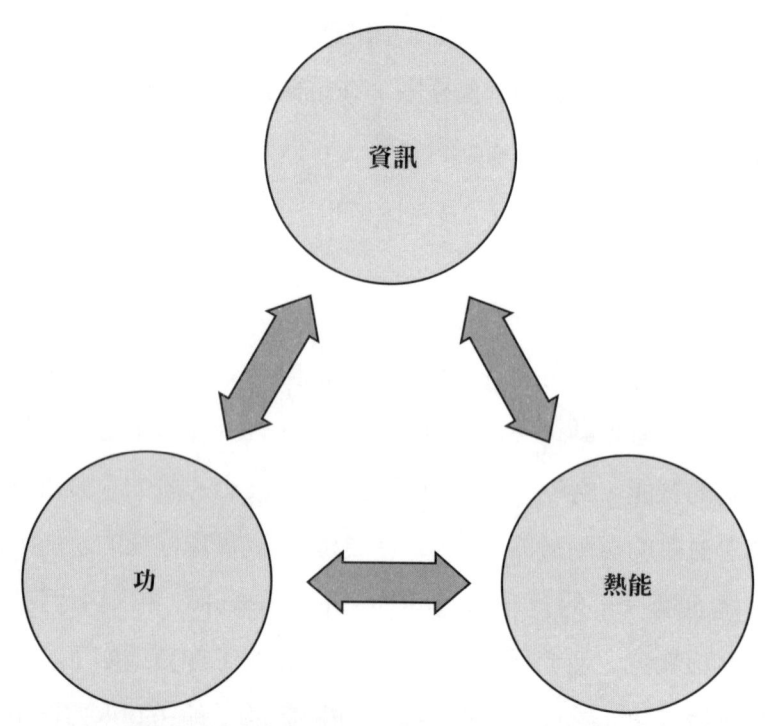

圖5：資訊、熱能和功的三向平衡

馬克士威惡魔和西拉德惡魔會處理訊息，以將熱量轉化為功。資訊引擎的工作原理，是將資訊轉換為熱量，或將熵轉換為空的資訊暫存器。傳統引擎利用熱量來做功，從而破壞訊息（即產生熵）。

串數字，例如 01001010111010……整個裝置會浸泡在熱庫中，因此槳片會因熱擾動，而隨機地左右旋轉。為了阻止 0 翻轉為 1 或反過來，會有另外兩根垂直桿擋住槳的去路，使左側槳片保持在左側，右側槳片保持在右側。表演開始時，環上方的所有槳片皆設定為 0，即位於圖中左側的某處；這就是「空白輸入記憶」（惡魔被洗腦了）。現在，中心的垂直桿和桿上連接的槳片以穩定的速度垂直下降，將槳片逐個帶入環中，然後從環下方退出。目

前為止看起來好像沒有什麼令人興奮的事情會發生。但是——這是一個重要的特徵——其中一根垂直桿在環的高度處有一個小間隙，因此現在當槳片穿過環時，它可以暫時自由旋轉360度。因此，每個下降的0都有機會變成1。

現在到了關鍵部分：為了使記憶有用，下降的槳片需要以某種方式與其互動（請記住，在這種情況下，惡魔是環），否則惡魔就無法使用其記憶。賈辛斯基提出的互動非常簡單。惡魔環有自己的葉片，葉片朝軸線方向伸出，並固定在環上；如果其中一個緩慢下降的槳片向正確的方向旋轉，它就會撞擊這個特殊的環形葉片，導致環朝同一個方向旋轉。環可以朝任何方向旋轉，但由於間隙的不對稱配置，使環逆時針旋轉的打擊次數會比順時針的打擊次數更多。結果，隨機熱運動就轉變為僅在同一個方向增加的旋轉。這種漸進的旋轉可以用我們現在熟悉的方式來執行有用的功。例如，可以把環機械地耦合到滑輪上，環的逆時針運動可以升高重物，而順時針運動就可以降低重物。平均下來，重物就會升高。（如果這一切聽起來太複雜而難以理解，可以觀看一段有用的動畫）。[11]

那麼，熱力學第二定律怎麼了？我們似乎再次從混亂中獲取秩序，從隨機轉為定向運動，將熱量轉化為功。為了遵循第二定律，熵必須在某個地方產生，那就是：在記憶中，轉譯為下降葉片的配置，有些從0變成1，有些0則保持為0。此動作的記錄保存在環的下方，兩個桿子透過防止在0和1之間的進一步旋轉，而鎖定了槳片下降時的狀態。結果，賈辛斯基的裝置將一個簡單有序的輸入狀態0000000000000000……轉換成複雜、無序的（實

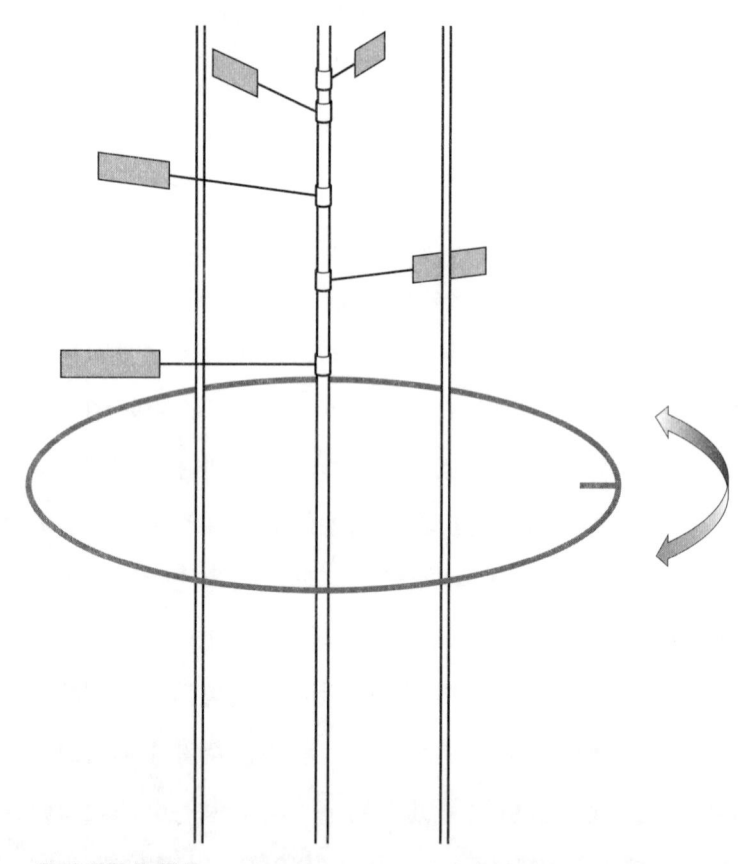

圖 6：資訊引擎的設計

在馬克士威惡魔實驗的這個變體中，中心桿（粗垂直線）穿過環下降。槳片安裝在可水平旋轉的桿上；它們的位置分別編碼為 0 或 1，取決於它們的方向——如圖所示，取決於它們是位於兩個細垂直桿的遠側還是近側。在圖片所示的配置中，初始狀態全是由 0 組成。水平環充當一個簡單的惡魔，可以在水平面上旋轉。它具有一個突出的葉片，這樣就可以被附在桿上的旋轉槳擊打，使環順時針或逆時針旋轉。整個裝置浸泡在熱庫中，因此所有組件都會經歷隨機的熱波動。另外設置兩個垂直桿（此處顯示為主桿兩側的細垂直線），其中一個桿子在環的平面有間隙，導致逆時針打擊比順時針打擊多。因此，裝置可以將隨機的熱運動轉換為可用於舉起重物的定向旋轉，但這樣做時，葉片的輸出狀態（它們在環下方的配置；這裡未顯示）現在會是 1 和 0 的隨機混合。這樣一來，機器就會將熱轉換為功，並將資訊寫入暫存器。

際上是隨機的）輸出狀態，例如 100010111010010……由於一串連續的 0 不包含資訊，但一串 1 和 0 的序列卻資訊豐富，*惡魔因此成功地將熱量轉化為功（透過增加重量），並在記憶中積累資訊。傳入資訊流的儲存容量越大，惡魔在重力下能抬升的質量就越大。作者指出：「一公升普通空氣的重量不到半美分，但它所含有的熱能，可以將一個七公斤的保齡球拋離地面三公尺以上。一個能夠透過將碰撞分子的不規則運動轉化為定向運動，而得到豐沛能量的裝置，確實非常有用。」[12] 事實的確如此。但就像馬克士威和西拉德的惡魔一樣，賈辛斯基的惡魔如果不清除記憶和刪除資訊，就無法重複工作，而這一個步驟免不了會增加熵。

事實上，賈辛斯基的引擎可以反向執行來去除資訊。如果輸入狀態不是一連串的 0，而是 1 和 0 的隨機混合（表示資訊），那麼重物會下降。這樣一來，它就會以重力位能來抵消去除記憶的代價。在這種情況下，輸出的 0 會比輸入多。賈辛斯基解釋說：「面對一張白板時，惡魔可以抬起任何質量的物體；但當傳入的位元流飽和（充滿隨機的數字）時，惡魔就無法作功了……因此，當惡魔充當引擎時，一個空白或部分空白的記憶暫存器就像一種熱力源，會被消耗掉。」[13] 這真是太驚人了！如果去除資訊會增加熵，那麼獲取空白記憶就相當於注入燃料。原則上，這塊白板可以是任何東西——一塊磁芯電腦記憶體晶片，或紙帶上的一排 0。根據賈辛斯基的說法，三百千兆個 0 可以神奇地將一個蘋

---

* 原注：例如，在摩斯密碼中，0 代表點，1 代表劃。

果抬起一公尺！

某些東西的**缺失**（空白記憶）可以成為一種物理資源，這一觀點讓人想起了《銀河便車指南》（*The Hitchhiker's Guide to the Galaxy*）中的非機率動力（Improbability Drive）。[14] 儘管看起來很奇怪，但這是本內特的分析中，不可避免的另一面。毫無疑問，讀者在這個階段會感到困惑。一串 0 真的能啟動引擎嗎？資訊本身能像汽油一樣作為燃料嗎？這只是一系列智力遊戲，還是它與現實世界有關？

賺錢的惡魔：現在投資於應用惡魔學

在馬克士威首次提出這個想法的一百四十年後，一個真正的馬克士威惡魔在他出生的城市中被打造出來了。2007 年，愛丁堡大學的雷伊（David Leigh）和同事在《自然》（*Nature*）的一篇論文中發表了細節。[15] 一個多世紀以來，實在難以令人相信真的有人能實際建造惡魔，但隨著技術的進步——最重要的是奈米技術的進步，應用惡魔學的領域終於到來了。*

雷伊團隊建造了一個小型資訊引擎，它由一個分子環組成，可以在末端帶有塞子的桿子上來回滑動（像啞鈴一樣）。在桿子中

---

* 原注：物理學家費曼去世時，在黑板上留下了一句名言：「我不能建造的東西，我就無法理解。」（凡特把這句話刻在他的人工有機體上——見第 65 頁）今天，科學家正在建造馬克士威惡魔和資訊引擎，並闡明它們的運作原理。在秩序與混亂的永恆鬥爭中，資訊的地位終於以一種實用的方式被揭示出來。

間有另一種分子,可以存在兩種構象:一個構象是阻擋環,另一個構象是允許環穿過阻擋。因此,這個分子的作用就像一扇門。這扇門可以用雷射控制,類似於馬克士威最初的可移動遮板。該系統與保持在有限溫度下的環境接觸,因此由於正常的熱擾動,環會沿著桿子隨機來回震盪。在實驗開始時,環被限制在桿子的一半,其運動會被設定為「關閉」的「門」分子所阻擋。研究人員因此能詳細記錄環和閘門間的滑稽行為,並測試該系統是否真的能像惡魔一樣偏離熱力學平衡。他們證實了「操作閘門的惡魔所知的資訊」可以作為燃料,去除這些資訊會增加熵,「這與本內特對馬克士威惡魔悖論的解析一致」。[16]

其他人很快就跟進了愛丁堡的實驗。2010 年,一群日本科學家操縱了一顆微小的聚苯乙烯珠子的熱擾動,並宣布:「我們已經驗證了資訊確實可以轉化為勢能,因此惡魔的基本原理是正確的。」[17] 實驗報告指出,他們能夠以 28％的效率將資訊轉化為能量。他們設想未來的奈米引擎僅靠「資訊燃料」就可以運作。

第三個實驗由芬蘭阿爾托大學(Aalto University)的研究小組進行,他們將一個電子禁錮在一個直徑只有幾微米的小盒子裡,保持在較低但有限的溫度下,並在奈米尺度上進行實驗。電子一開始可以自由去到兩個地點中的任一個,就像西拉德引擎中的盒子一樣。靈敏的靜電計可以測定電子的位置。然後,這個位置資訊被輸入到一個提高電壓的裝置(一種沒有淨能量需求的可逆操作),以便將電子捕獲到原地——類似於惡魔插入隔板。接下來,從電子的熱運動中可以慢慢提取能量,並用於做功。最後,電壓恢復到其起始值,完

成這次循環。芬蘭團隊進行了二千九百四十四次實驗，平均達到了完美西拉德引擎熱力學極限的 75%。重要的是，該實驗是一個自主的馬克士威惡魔：「在系統和惡魔之間直接交換的只有資訊，而不是熱量」。[18] 實驗者本身並沒有干預這個過程，事實上，他們甚至不知道每一次實驗時，電子的位置在哪裡。測量和回饋控制活動完全是自動而獨立的：沒有任何外部干預行為。

在進一步的改進中，芬蘭團隊將兩個這樣的裝置耦合在一起，將一個作為系統，另一個作為惡魔。然後他們透過監測系統的冷卻和惡魔的相應升溫，來測量惡魔提取的熱能。他們號稱這是一項奈米技術壯舉：他們創造了世界上第一台「資訊驅動冰箱」。鑑於技術進步的速度，這種惡魔裝置可能會在 2020 年代中期問世。*這將對奈米技術的商業化產生重大影響，但對廚房電器的影響較小。

生命引擎：細胞裡的惡魔

「資訊是生命的貨幣。」

—— 阿達米（Chris Adami）[19]

---

* 原注：據報導，巴西國家科學技術研究所量子資訊計畫下，進行了一項關於資訊與熱流之間權衡的相關實驗，其中可以利用糾纏的量子粒子誘導熱量從較冷的系統流向較熱的系統（即冷凍），我將在第五章中說明這個主題。

儘管馬克士威肯定會很高興看到實用惡魔學的出現，但他幾乎無法猜到，其中涉及的資訊和能量交互作用，生物體已經應用了數十億年。事實證明，活細胞含有大量高效和精良的奈米機器，主要是由各種蛋白質組成。相關清單包括馬達、幫浦、管道、剪刀、轉子、槓桿和繩索等工程師熟悉的設備。

這裡有個令人讚嘆的例子：一種有兩對鰭的轉子，透過軸連接而成的渦輪機。（它在活細胞中發揮能量傳輸和儲存的作用）當質子（細胞內一直有大量的質子到處遊走）沿著一個方向穿過軸時，轉子就會轉動。如果轉子反向運轉，就會以相反的方向排出質子。一個日本研究小組進行了一項巧妙的實驗，他們取出一個轉子，並將其固定在要研究的玻璃表面上。他們將分子絲附著在軸的末端，並用螢光染料標記，這樣當我們拿雷射照射它時，就可以在光學顯微鏡下看到它。每次質子通過時，他們都能觀察到轉子以120度的間隔轉動。[20]

另一種引起廣泛關注的微型生物機器，是一種名為驅動蛋白（kinesin）的貨物運輸分子，它沿著細胞間縱橫交錯的細小纖維行走，以運送重要的貨物。它小心翼翼、一步一步地移動，以免被熱激起的水分子不斷轟擊而捲走。這些水分子充滿了所有的活細胞，而且移動速度是噴射客機的兩倍。驅動蛋白會將一隻腳固定在纖維上，另一隻腳來自後方並放在前面；然後用另一隻腳重複這個過程。移動的錨點，是特別有利於腳和纖維之間的結合力的地方：這些位置相距八奈米，因此它的每一步的長度為十六奈米。數十億個這樣的小驅動蛋白奇蹟一直在你的體內蠕動，想想還真是讓人坐立難安。

BOX 4
驅動蛋白如何行走

ATP——生命的神奇燃料,在給出能量後,會轉化為一種名為 ADP(二磷酸腺苷)的分子。ADP 可以「充電」為 ATP,因此 ATP 在輸送完能量後會被回收,而不是被丟棄。ATP 和 ADP 對於驅動蛋白行走的運作至關重要。驅動蛋白在每隻腳的「腳跟」中都有一個小窩,其形狀恰好使得 ADP 分子能夠緊密地裝入其中,與其結合。當插槽被佔據時,腿的形狀會發生變化,導致腳與纖維分離而自由移動。當鬆弛的腳找到下一個錨點時,它會將 ADP 從其插槽中釋放出來,使腳再次與纖維繫在一起。當一隻腳在鬆弛狀態時,另一隻腳(原本在前面的那隻腳)最好抓住纖維:如果兩隻腳一起自由移動,驅動蛋白分子將會漂走,丟失貨物。只要另一隻腳(現在是後腳)的 ADP 插槽空著,就會在纖維上保持固定。但真的會這樣嗎?嗯,與 ADP 結合的同一個腳跟插槽,也可以容納 ATP。如果隨機通過的 ATP 遇到固定後腳的空槽,就會咬住它。然後就會發生三件事:首先,驅動蛋白分子會變形並重新定向,從而阻撓任何透過 ATP 填補前腳空缺的嘗試。其次,ATP 含有儲存的化學能,它會在插槽中經歷 ATP → ADP 的化學轉變,從而將能量釋放到小型驅動蛋白機器中。由此產生的踢腿動作有助於驅動機器。

> 但第三點，ATP 轉化為 ADP 意味著，後腳的插槽中現在包含一個 ADP 分子，因此它會脫離纖維，並開始向前行走的過程，由此重複進行這一個循環。[21]

讀者可以看看 YouTube 上一個有趣的動畫片，展示了驅動蛋白如何大顯身手。[22]（想知道更多技術細節可以閱讀 BOX4）。

一個顯而易見的問題是，是什麼讓這種無意識的分子機器表現出明顯有目的的程序？如果它只是抬起一隻腳，那麼熱量的擾動會推動它隨機地向前和向後移動。它是如何在無情的分子攻擊下頑強前進的？答案在於驅動蛋白作為**棘輪**的方式（記住，有一隻腳總是固定的）。分子棘輪是惡魔的一個好例子，惡魔的基本作用就是利用資訊，將隨機熱能轉化為定向運動。* 但是為了避免違反第二定律，驅動蛋白必須利用某個能量源。

讓我稍微離題一下來解釋這裡的能量學，因為它在更普遍的層面上顯得重要。生物選擇的燃料是一種稱為 ATP（三磷酸腺苷）的分子；它就像一個擁有強大動力的迷你電源組，並且具有一個實用的功能，就是可以保持其儲存的能量，直到需要時就釋放能量！生命非常喜歡 ATP 燃料，為其無數的奈米機器（例如上面提到的轉子）提供能量。據估計，有些生物體僅在一天的時間內，就能消耗掉相當於其整個體重的 ATP。

---

* 原注：這個過程稱為整流。

現在來看一段引人注目的補充說明：還有另一種叫做動力蛋白（dynein）的步行機器，似乎出於設計師的瘋狂之舉，它會在驅動蛋白行走的相同纖維上，沿著相反方向行走。驅動蛋白和動力蛋白之間一定會發生碰撞，導致偶爾的路怒事件，而需要一些巧妙的機動措施。纖維沿路甚至設立了路障，需要側身移動或進行其他分子舞蹈動作才能通過。然而，生物已經以非凡的創造力解決了所有這些問題：透過惡魔棘輪，就 ATP 燃料消耗而言，驅動蛋白的運作效率高達 60%（相比之下，典型的汽車引擎效率約為 20%）。

生命機器的核心圍繞著 DNA 和 RNA 運轉，因此大自然也磨練了這些微小的機器，讓它們能以高熱力學效率運作。其中一個例子是被稱為 RNA 聚合酶的酵素，這是一種微小的馬達，其工作是沿著 DNA 爬行，並將 DNA 的數位資訊一字一字地逐一複製（轉錄）成 RNA。每一步都添加對應的字母，RNA 鏈會不斷加長。事實證明，這種機制非常接近馬克士威惡魔的理論極限，幾乎不消耗任何能量。我們知道它並不是百分百準確，因為紀錄中偶爾會出現錯誤（這很好：記住，錯誤是達爾文演化的驅動力）。然而，錯誤是可以糾正的，而且大多數情況下都是可以糾正的。生命已經設計出一些非常聰明而有效的方法，來讀取 RNA 的輸出，並修復錯誤。[*]但是，儘管我們盡了一切努力去糾正錯誤，RNA 仍然無法完美無誤，原因很簡單：轉錄錯誤的方式有很多種，但正確的方式只有一種。因此，錯誤糾正是不可逆的；你無法從修

---

[*] 原注：與所有物理過程一樣，即使是這種修復過程，偶爾也會出錯。例如，在人類身上，經過校對和編輯的 RNA 轉錄中，大約每一億個字母中仍會有一個錯誤。

正後的序列推論出原始序列。（這是另一個無法從答案推斷問題的例子）因此，從邏輯上來說，糾錯過程會將許多不同的輸入狀態合併為一個輸出狀態，正如我們從蘭道爾的研究中知道的，這總是帶有熵成本（請參閱第72頁）。

當細胞分裂和DNA複製時，不同的惡魔馬達就會開始運作。它被稱為DNA聚合酶，其作用是將一條DNA鏈複製到另一條DNA鏈上，然後子分子同樣會隨著馬達的爬行，一次建構一個字母。它通常以每秒約一百個鹼基對的速度移動，與RNA聚合酶一樣，它的運作也接近熱力學完美狀態。事實上，透過簡單的對DNA施加張力，就可以反向運作這一個機制。在實驗室中，這可以透過稱為光鑷的設備來完成。隨著張力的增加，DNA聚合酶會爬行得越來越慢，直到張力達到約40pN時完全停止（此處的pN代表「皮牛頓」〔pico-newton〕，即兆分之一牛頓，這是以這位偉人名字命名的力的標準單位）。在更高的張力下，這個微型馬達會向後移動，逐個字母地消除它親手完成的工作。[23]

當然，複製DNA只是「細胞分裂成兩個」這項增殖過程中的一小部分。一個有趣的工程問題是：從能量／熵的角度來看，整個細胞增殖過程需要消耗多少能量？麻省理工學院的伊格蘭（Jeremy England）用細菌來分析這個問題[24]，並成為快速增殖的世界紀錄保持者（花二十分鐘完成）。根據我們對熱和熵的解釋，問題來了：即細菌是否會因此變熱？是的，它們確實會變熱，但是由於推、拉和分子重組，結果可能不像你想像得那麼熱。根據英格蘭的研究，大腸桿菌產生的熱量僅為熱力學理論最小限度的

六倍左右,因此它們在細胞層級上的效率,幾乎與在奈米機器的層級上一樣高。*

我們該如何解釋生命驚人的熱力學效率?從 DNA 到社會組織,生物體中充滿著資訊,而所有的資訊都帶有熵成本。因此,演化完善了生命的資訊管理機制,以超高效的方式運作,也就不足為奇了。生物體需要掌握完善儲存和處理資訊的藝術,否則就會被廢熱活活烤死。

雖然從表面上看,生命的奈米機器遵循與我們所熟悉的大型機器相同的物理定律,但它們運作的環境卻截然不同。一個典型的哺乳動物細胞可能含有多達一百億個蛋白質,這些蛋白質之間的平均距離僅有幾奈米;每一台奈米機器都會持續受到高速水分子的衝擊,這些水分子則構成了細胞的大部分質量。那裡的情況就像一個喧鬧的夜總會:既擁擠、又吵雜。這些小機器如果沒有固定,就會被撞得到處都是。這樣的混亂似乎會對細胞機器的平穩運作帶來問題,但也可能帶來積極的優勢。畢竟,如果細胞內部被凍結而無法移動的話,可能什麼事也做不到。但持續不斷的熱干擾也有一個缺點:生命必須花費大量的精力去修復損傷,並重建正在瓦解的結構。

---

* 原注:你也許會好奇,考慮到細菌細胞的複雜性,伊格蘭究竟該如何計算出繁殖的熵?他之所以能夠做到這一點,是因為物理過程產生的熵,和該過程相對於逆過程的進行速率之間存在基本關聯。例如,從 RNA 成分合成 RNA 鏈的逆過程,會在類似情況下破壞所述的 RNA 鏈。怎麼會發生這種事呢?在水中,RNA 會在大約四天內自行分解。相比之下,合成它大約需要一小時。根據這個比率,可以計算出該動作的理論最小熵產生量。將所有相關因素考慮進去,就可以得到伊格蘭估計的數字。

思考熱雜訊的其中一種方法是著眼於分子運動的平均能量。蛋白質等大分子的移動速度比水分子慢，但由於它們的質量大得多（典型的蛋白質重達一萬個水分子），攜帶的能量大致相同。因此，每個分子在任何特定的溫度下，都帶有一定的自然能量：在室溫下，大約是 4×10^{-21} 焦耳。這就是一個典型分子帶有的能量。它恰好與改變驅動蛋白等重要分子結構的形狀所需的能量大致相同，甚至大致等同於解開或破壞分子所需的能量。因此，許多生命機器都處於熱破壞的邊緣。再說一次，這看似會造成問題，但實際上至關重要。生命是一個過程，分子持續喧囂所造成的破壞，其實也為重新排列和創新提供了機會。它也使得能量在一種形式與另一種形式之間的轉換變得容易。例如，一些生物奈米機器將電能轉化為運動；另一些則將機械能轉化為化學能。

讀者可能會想知道，為什麼有這麼多重要的生命過程，是在看不見的奈米尺度下、在如此艱難而陌生的條件下發生？上述能量尺度的巧合提供了一個現成的答案：對於我們所知的生命來說，液態水起著至關重要的作用，它決定了生物可以生存的溫度範圍。事實證明，只有在奈米尺度下，這個溫度範圍內的熱能才能比得上生物機械的化學能和機械能，從而能推動各種轉變。[25]

BOX 5
費曼棘輪

費曼嘗試用純被動裝置取代馬克士威惡魔，他的想法是使用機械鐘錶中的棘輪構造（這樣指針就不會逆時針轉動；見圖7）。它包含一個帶有彈簧棘爪的齒輪，以阻止齒輪向後滑動。棘輪操作的關鍵在於齒的不對稱性：齒的一側陡峭，而另一側較淺。這種不對稱性決定了齒輪旋轉的方向；棘爪在齒輪齒的淺邊緣上，比在陡邊緣上更容易滑動。費曼隨後想到，如果將棘輪浸入保持均勻溫度的熱庫中，隨機的熱波動是否偶爾會導致輪子向前移動（圖中順時針方向），但不向後移

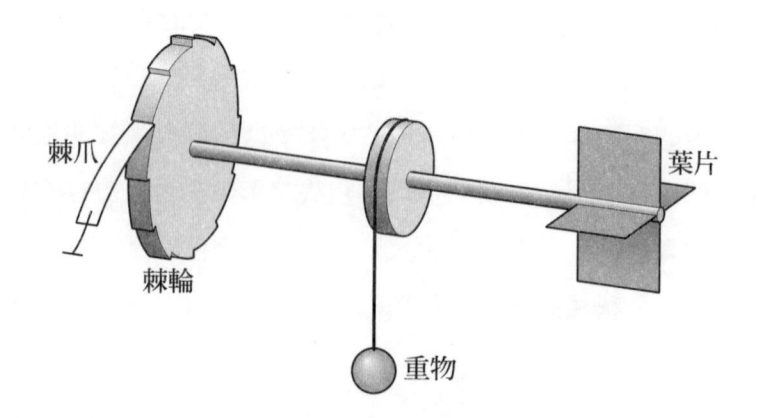

圖7：費曼的棘輪

在這個思想實驗中，氣體分子轟擊葉片，導致轉軸隨機順時針或逆時針旋轉。如果它順時針旋轉，棘輪就會允許轉軸轉動，從而舉起重物。但如果軸試圖逆時針旋轉，棘爪就會阻止它。因此，該裝置似乎能將氣體的熱能轉化為功，違反了熱力學第二定律。

動?這麼一來,如果將棘輪連接到繩子上,它就能舉起重物,從而僅靠熱就能做有用的功。但事實並非如此:這個論點的缺陷在於彈簧棘爪。在熱力學平衡下,它也會因為熱波動而抖動,有時會導致棘輪滑回錯誤的方向。費曼計算了棘輪正向運動和反向運動的相對機率,並指出它們平均而言是平衡的。[26]

生命過程中會用到很多棘輪。其中一個例子是驅動蛋白行走器,它被設計來向前行走,而不是均勻地向前和向後行走。透過研究受熱波動影響的棘輪的物理特性,我們可以得出一個明確的結論:只有當有能量源驅動它們朝著一個方向發展,或有資訊處理系統(惡魔)主動干預時,棘輪才能發揮作用。沒有燃料,或沒有惡魔,就沒有進展。過程中熵總是會產生:前一種情況是,熵來自驅動能量轉化為熱;後者來自於訊息處理和記憶消除的熵。天下沒有白吃的午餐。但是,透過採用棘輪前進的方式,而不是簡單地用「噴氣背包」將貨物運送通過分子的阻礙,可以大幅減少驅動蛋白的午餐費用。

超越位元

現在我們知道,活生生的生物體內充滿了微型機器,它們像永不停歇的馬克士威惡魔一樣不停運轉,維持著生命的運作。

它們以聰明、超高效的方式操控訊息，從混亂中召喚秩序，巧妙地避開熱力學第二定律的限制。我所描述的生物資訊引擎及其技術對應物，涉及到簡單的回饋和控制迴路。雖然實際的分子很複雜，但讓它們發揮功能的邏輯很簡單：只需想一下不知疲倦地在「分子前線」上工作的驅動蛋白。

整個細胞就是一個巨大的資訊管理網路。舉例來說，思考一下 DNA 上的編碼訊息。除了轉錄 mRNA 的步驟之外，蛋白質的製造也是一項複雜的過程。其他蛋白質必須將正確的氨基酸附著到 tRNA 上，然後讓 tRNA 將它們帶到核醣體，以便按時將它們連接在一起。氨基酸鏈一旦完成，也可能以多種不同方式被其他蛋白質修飾，我們將在第四章中探討這一點。所有這些精妙的編排，都必須在細胞的熱浪中進行。

基因中的訊息本身是靜態的，但一旦被讀出，即當基因**表現**為蛋白質的生產時，各種活動就會隨之而來。DNA 輸出與其他資訊流結合，遵循著細胞內的各種複雜路徑，並與其他的大量資訊流合作，從而產生連貫的集體秩序。細胞可以作為一個統一單位，經過有著各個可識別發展階段的循環，整合所有資訊，最終達成細胞分裂。如果我們將分析擴展到多細胞生物，包含令人驚人的胚胎發育組織，我們會更加震驚地發現，僅僅將「訊息」作為一個平淡無奇、包羅萬象的量、如能量那般，遠遠不足以解釋這件事。

儘管香農對資訊的定義很重要，但它仍然未能提供對生物資訊的完整描述。因為它在兩個重要方面有缺陷：

1. 遺傳訊息與環境相關。香農本人竭力指出，他的工作僅涉及以最經濟的方式定義的資訊位元傳輸，而不涉及編碼訊息的**意義**。無論DNA序列編碼的是建構蛋白質的指令還是任意的「垃圾」DNA，對香農計算出的訊息量來說都是相同的。但這對生物功能的影響深遠：蛋白質將完成一項重要任務，垃圾則不會產生任何重大影響。這種差異類似於莎士比亞與一堆隨機字母之間的差異。為了使遺傳訊息發揮功能，必須有一個分子環境——一個全面的環境——來識別指令，並做出適當的反應。

2. 生物體是預測機器。在整個有機體的層面上，資訊先從不可預測和波動的環境中收集而來，再進行內部操縱，並啟動最佳反應。例如細菌游向食物源、螞蟻探索周圍環境以選擇新的巢穴。這個過程必須順利進行，否則後果將是致命的。正如華格納（Andreas Wagner）所說：「生物體的生存和死亡，取決於它們所獲得的、有關其環境的資訊量。」[27] 然而，為了提高效率，預測系統必須謹慎地儲存資訊；記住所有事情太浪費了。這全都需要某種內部的世界表現方式，就像一種結合複雜統計評估的虛擬現實。[28] 看起來即使細菌也是個數學天才。

總結這些更高階的功能，可以說生物的資訊不只是被獲取，而且會經過**處理**。香農的資訊理論可以量化一個細胞或整個生物體的位元數，但如果遊戲的名稱是資訊處理，那麼我們需要超越

單純的位元,並訴諸計算理論。

　　生物體不只是資訊的載體:它們就是電腦。因此,只有揭示生命的計算機制,才能全面理解生命。這讓我們需要更深入研究邏輯、數學和計算等深奧但迷人的基本知識。

3 生命的邏輯
The Logic of Life

「生物學中的創造力，與數學中的創造力，並沒有太大區別。」

——蔡汀（Gregory Chaitin）[1]

生命的故事其實是兩個緊密交織在一起的論述：一個與複雜化學有關，即豐富而複雜的化學反應網路。另一個則與資訊有關，它不只是被動地儲存在基因中，而是在生物體中流動，並滲透到生物物質中，賦予生物體一種獨特的秩序形式。因此，生命是化學模式和資訊模式這兩種不停變化的模式的混合。這些模式並不是獨立的，而是結合在一起，形成一個合作協調的系統，就像將資訊片段重組為一場精心編排的芭蕾舞劇。生物資訊不僅僅是充滿在細胞物質內，並使其活躍起來的一堆位元資訊；這只不過是活力論而已。更精確地說，資訊模式控制和組織化學活動的方式，與程式控制電腦操作的方式相同。因此，在複雜化學反應的背後，隱藏著一張計算機邏輯的網。**生物資訊就是生命的軟體**。這顯示生命驚人的能力可以追溯到邏輯和計算的基礎上。

1928 年，傑出的德國數學家希爾伯特（David Hilbert）在義大利博洛尼亞舉行的國際會議上發表的一場演講成為了計算史上的一個關鍵事件。希爾伯特利用這個機會概述了他最喜歡的未解數學問題。其中最深刻的問題，涉及一個問題本身的內部一致性。從根本上來說，數學不過是一套複雜的定義、公理*以及由此而來的邏輯推論。我們理所當然地認為它有效。但是我們能夠絕對堅定地確信，從這個嚴謹基礎出發的所有推理途徑，都不會導致矛盾嗎？或者根本無法給出一個答案？你可能會想，誰在乎啊？只要數學能用於實際目的，那麼它是否一致又有什麼關係呢？這就是 1928 年的氛圍，當時只有少數邏輯學家和純數學家對這個問題感興趣。但這一切很快就發生了重大的變化。

　　希爾伯特的問題在於，如果數學能夠以無懈可擊的方式被證明是一致的，那麼就有可能通過純粹無意識的轉動把手或演算法，來測試任何特定的數學陳述是真還是假。你不需要任何數學知識來執行這套演算法；它可以由一群未受過教育的員工（有薪的計算者）或一台可以長時間運行的機器來完成。真的可能存在這樣一台絕對可靠的計算機嗎？希爾伯特不知道答案，並將這個難題命名為「Entscheidungsproblem」，英文為「判定問題」，但通常被稱為「停機問題」。選擇這個術語是為了表達一些基本問題：是否有些計算可以永遠進行下去，永遠不會停止？假設中，這台機器可能會永遠運轉下去，而無法給出答案。希爾伯特對需

---

* 原注：公理是一種被認為顯然正確的陳述，例如「如果 $x = y$，則 $y = x$」，就意味著如果農場裡綿羊的數量和山羊的數量相同，那麼山羊的數量和綿羊的數量也相同。

要多長時間才能得到答案的實際問題並不感興趣，他只關心機器是否能在有限的時間內完成程序，並輸出兩個答案之一：真或假。我們似乎會合理的預期答案一定是肯定的。什麼情況會出錯呢？

希爾伯特的演講發表於 1929 年，西拉德的惡魔論文也在同年發表。這兩個截然不同的思想實驗——一個可能不會停止的計算引擎，和一個可能產生永動機的熱力學引擎——其實密切相關，但當時兩人都沒有意識到這一點。他們更沒有想到，在生物學這個神奇的拼圖盒深處，層層令人困惑的複雜性背後，是數學持續不斷的鼓聲賦予了生命之吻。

超越無限

數學常常會帶來意想不到的驚奇，而在希爾伯特演講之時，這門學科的邏輯基礎已經陷入困境。**之前曾有人嘗試證明數學的一致性，但在 1901 年，哲學家羅素（Bertrand Russell）發現了一個隱藏在所有形式推理系統中的著名悖論，令人震驚地阻撓了他們的嘗試。羅素悖論的本質很容易描述。考慮以下標記為 A 的語句：

A：這句話是假的。

假設我們現在問：A 是真是假？如果 A 為真，那麼這個說法本身就宣告 A 為假。但如果 A 為假，那麼它就是真的。透過以

** 原注：判定問題的起源可以追溯到希爾伯特在 1900 年於巴黎索邦大學舉行的國際數學家大會上發表的演講。

矛盾的方式指涉自身，A 似乎既為真又為假，或者都不是。我們或許會說它是不可判定的。由於數學建立在邏輯的基礎上，所以在羅素的自我指涉悖論之後，數學的整個基礎開始顯得不穩固。這個悖論埋下了一顆定時炸彈，對現代世界產生了極為深遠的影響。

直到一位名叫哥德爾（Kurt Gödel）的古怪而孤僻的奧地利邏輯學家的研究工作，才使自我指涉悖論的全部含義變得顯而易見。1931 年，他發表了一篇論文指出，能夠證明**所有**算術中真命題的一致公理系統，並不存在。他的證明是基於自我指涉關係的破壞性存在：這意味著在公理系統中，一定會存在著無法證明為真的真算術命題。更普遍的來說，沒有任何有限的公理系統可以用來證明其自身的一致性；例如，算術規則本身不能用來證明算術一定會產生一致的結果。

哥德爾粉碎了這個長久以來的夢想：堅如磐石的邏輯推理一定能產生無可辯駁的真理。他的研究成果可以說是人類智慧的最高產物。關於物質世界或理性世界的所有其他發現，都告訴了我們一些以前不知道的事情。但哥德爾不完備定理是開放性的終極表述。它告訴我們，數學世界蘊含著無窮無盡的新奇事物；即使是擁有無限智慧的上帝，也不可能知道一切。

哥德爾定理是在單純的形式邏輯領域中建構的，與物理世界沒有明顯的關聯，更不用說生物世界了。但僅僅五年後，劍橋數學家圖靈（Alan Turing）就在哥德爾的成果與希爾伯特的停機問題之間，找到了關聯，並在題為〈論可計算數及其在判定問題中的

應用〉[2]的論文中發表了這一關聯。事實證明，這是一個重大事件的開端。

圖靈最為人所知的是他在第二次世界大戰期間於布萊切利園的祕密工作：破解德國的恩尼格瑪密碼（Enigma）。他的努力挽救了無數盟軍的生命，並將戰爭時間縮短了數月甚至數年。但歷史將會認定他在1936年發表的論文比他的戰時工作更有意義。為了解決希爾伯特的無意識計算問題，圖靈設想了一種類似打字機的計算機器，其前端有可以掃描、移動磁帶，並在磁帶上書寫。磁帶的長度不受限制，並分成多個方塊，每個方塊上可以印上符號（例如1、0）。當磁帶水平穿過機器，並且每個方格到達機器前端時，機器會在其上擦除或寫入一個符號、或不予理會，然後將磁帶向左或向右前進一個方格，並一遍又一遍重複該過程，直到機器停止並給出答案。圖靈證明，一個數字，若且唯若該數字能成為這種機器經過有限（但可能非常大）的步驟後的輸出，這個數字就是可計算的。這裡的關鍵思想是**通用**計算機：「一台可以用來計算任何可計算序列的機器」。[3]這個簡單的陳述就是現代計算機的起源，而我們現在已經認為計算機是理所當然的設備。*

從純數學的角度來看，圖靈論文的意義，在於證明了不存在、也永遠不會存在可以解決判定問題（即停機問題）的演算法。用白話文來說，對於一般的數學命題，不可能預先知道圖靈機是否會停止，並輸出真或假的答案。因此，一定存在著一些完全無

---

* 原注：在一個世紀之前，巴貝奇（Charles Babbage）提出了同樣的基本概念，但他並未嘗試提供通用可計算性的正式證明。

法判定的數學命題。儘管人們可以給出某個可判定命題（例如，11 是質數），並證明其為真或假，但沒有人可以證明某個命題是不可判定的。

儘管圖靈的虛擬計算機所造成的影響，對於數學家來說相當震驚，但其實際應用很快就變得緊迫。隨著戰爭的爆發，圖靈的任務是將他的抽象創意，變成可以運作的設備。到了 1940 年，他設計了世界上第一台可程式控制的電子計算機。它被命名為「巨人」（Colossus），由弗勞爾斯（Tommy Flowers）在倫敦多利斯山郵局的電話交換機上建造，並安裝在布萊切利園的絕密密碼破譯機構中。巨人於 1943 年全面投入運作，比 IBM 製造出第一台商用機器早了十年。巨人的唯一目的，就是協助英國破解密碼，因此它的建造和運作是在極嚴密的安全保障下進行的。由於政治原因，布萊切利園周圍的保密文化在戰爭結束後依然存在，這也是為什麼弗勞爾斯和圖靈沒有獲得電腦首位設計者榮譽。美國很快就解密了他們戰時在該領域的研究工作，這也使得電腦商業化的主導權轉移到了美國。

儘管圖靈的工作主要針對的是數學家，但他的工作對生物學產生了深遠的影響。生物體所體現的特殊邏輯結構反映了邏輯本身的公理。生命被定義為「自我複製」的屬性，直接源自於充滿悖論的命題演算和自我指涉領域，而這正是計算概念的基礎，反過來又為模擬和虛擬現實等現在熟悉的事物開闢了道路。生命能夠建構世界和自身的內部表徵的能力——也就是作為一個能動者操縱環境、利用能量，反映了其在邏輯規則中的基本原理。生命

的邏輯也使得生物能夠探索無限的新奇世界，套用達爾文那句令人難忘的說法，就是創造出「最奇妙的形式」。

有鑑於不可判定性是數學基礎中不可或缺的一部分，它也會成為基於數學定律的宇宙的基本屬性。不可判定性保證了數學宇宙的創造潛力永遠是無限的。生命的其中一個標誌是其無限的繁榮：無限的多樣性和複雜性。如果生命代表著某種真正根本而非凡的東西，那麼這種不受限制的可能性，無疑就是關鍵。20世紀，許多偉大的科學家發現了圖靈的思想與生物學之間的關聯。為了鞏固這種思想和生物學的聯繫，需要將純計算過程轉變為物理構造的過程。

能夠自我複製的機器

與圖靈隔著大西洋的彼岸，匈牙利流亡者馮・諾伊曼（John von Neumann）同樣專注於設計軍事用途的電子計算機，他的設計與曼哈頓計畫（原子彈）有關。馮・諾伊曼使用了與圖靈相同的基本思想——一種可以計算任何可計算事物的通用可設定機器。但馮・諾伊曼也對生物學感興趣，這導致他提出了通用建造機（universal constructor，UC）的想法，其全部細節必須等到他死後出版的《自我複製自動機理論》一書時才能揭曉。[*]

UC的概念很容易理解。想像一下，有一台機器可以被設定

---

[*] 原注：John von Neumann, *Theory of Self-reproducing Automata*（University of Illinois Press, 1966).

來建造物體，其方式是透過從材料庫中選擇組件，並將其組裝成一個具功能性的產品。今天，我們對機器人裝配線這種應用已經非常熟悉，但馮·諾伊曼的構想更加宏偉。機器人系統不是 UC：汽車裝配線無法生產冰箱。要成為真正通用的建造機，UC 必須能夠打造任何原則上可建造的東西，你只需要提供零件就行。現在，哥德爾、圖靈和生物學之間的轉折點出現了。UC 也必須能建構自身的副本。請記住，正是自我指涉悖論，促使圖靈產生了通用計算機的想法。因此，自我複製機的想法也引發了同樣的邏輯困境。值得注意的是，生物似乎是真正的自我繁殖機器。因此，透過討論通用電腦（圖靈機）和通用建造機（馮·諾伊曼機）的概念，我們可以深入瞭解生命的邏輯架構。

馮·諾伊曼強調，UC 僅僅複製自己是不夠的。它還必須複製如何製作 UC 的說明，並將這些說明插入剛鑄造的複製品中，否則 UC 的後代將無法再複製下去。如今，我們認為機器人指令是以無形的方式編入驅動機器人的計算機中的，但為了更好地瞭解自我複製機器的邏輯，我們可以將指令想像成印在穿孔帶上，可以驅動老式自動鋼琴的指令（接近圖靈機中磁帶的概念）。想像一下，給 UC 輸入一盤穿孔帶，告訴它如何製造這個或那個物體，然後機器盲目地執行印在帶子上的指令。在許多可能的磁帶中，每盤磁帶上都佈滿了特意安排位置的孔洞，其中有一盤磁帶上的孔洞圖案包含構建 UC 本身的說明。這盤磁帶將會在機器中運轉，然後 UC 將會建造另一個 UC。但正如前面所說，這還不夠；UC 母機現在必須複製一份說明書磁帶。為此，現在 UC 必須不

將磁帶視為一組指令，而是將其視為另一個需要複製的實體物件。用現代的說法來說，磁帶必須經歷從軟體（指令）狀態轉變為硬體的過程——成為某種具有特定孔洞圖案的材料。馮‧諾伊曼設想了一個他稱為「監控單元」的東西來實現這種切換，也就是根據情況需要，在硬體和軟體之間切換。在這齣戲的最後一幕中，UC 必須盲目地複製指令本身，將其添加到新製作的 UC 中，以完成整個循環。馮‧諾伊曼的一個重要見解是，磁帶上的資訊必須用兩種不同的方式處理。第一種是將資訊作為讓 UC 進行建造的主動指令。第二種是像磁帶複製一樣，可以將資訊作為被動資料簡單地複製。

我們所知的生命體現了資訊的雙重作用：DNA 既是實體的物體，也是一種指令集，取決於具體情況。當細胞剛開始生命活動時，需要這種或那種蛋白質來發揮某些功能，就會從 DNA 中讀出建構相關蛋白質的指令，然後由核醣體製造蛋白質。在這種模式下，DNA 扮演軟體的角色。但是當細胞複製和分裂的時候，就會發生一些完全不同的事情。特殊的酵素出現並盲目地複製 DNA（包括任何累積的缺陷），因此在分裂後，每個子代細胞都有可用的副本。* 因此，活細胞的邏輯組織與馮‧諾伊曼自我複製機的邏輯組織非常相似。然而，在生物中，決定何時要將主動指令切換為被動數據的監控單元是什麼仍然成謎。細胞中沒有某個明顯的組成部分，也沒有特殊的細胞器作為「策略規劃者」，以隨時告訴細胞如何看待 DNA（視為軟體或硬體）。複製的決定取決於整個細胞及其環境中的大量因素，而不局限於一個地方。它

提供了一個所謂的表觀遺傳控制的例子，其中包含了由上而下的因果關係[4]，我將在後面詳細討論這個主題。

馮・諾伊曼意識到，生物中的自我複製（replication）與簡單的複製（copying）有很大的不同。畢竟，晶體是透過複製而生長的。生物的自我複製之所以如此重要，是因為其具有演化的能力。如果複製過程中出現錯誤，而且這個錯誤也被複製，那麼這個自我複製過程就是可以演化的。當然，遺傳錯誤是達爾文演化論的動力。如果馮・諾伊曼機要作為生物的模型，就必須包含自我複製和可演化這兩個關鍵特性。

馮・諾伊曼機的想法已經滲透到科幻世界，並引發了某種程度的恐慌。想像一位瘋狂的科學家成功組裝了這樣一種裝置，並將其釋放到環境中。有了原料的供應，生物體就會不斷自我複製，並利用所需的一切，直到供應耗盡為止。如果將馮・諾伊曼機送入太空，它可能會毀滅銀河系，甚至更遠的地方。當然，活細胞其實是一種馮・諾伊曼機，我們知道，如果掠食者不受控制地擴張，就會摧毀生態系統。然而，陸地生物充滿了由複雜的生命網路產生的制衡，因為擁有大量相互依存但又不同類型的生物，因此不受約束的繁殖所造成的損害程度是有限的。但對於一個唯一的自我複製型星際掠食者來說，情況可能就完全不同了。

---

* 原注：通常情況下，事情會稍微複雜一些，因為讀出和複製可能同時發生，有時甚至在同一區域發生，因而有發生交通事故的風險。為了最大限度地減少潛在的混亂，基因組會組織起來，避免 RNA 和 DNA 聚合酶朝相反的方向發展。用諾伊曼馮・諾伊曼的術語來說，這意味著當系統需要同時作為硬體和軟體時，生命要確保磁帶只朝一個方向移動。

生命是一個遊戲

儘管馮‧諾伊曼並未嘗試建造物理上的自我複製機器，但他確實設計了一個掌握了這個基本想法、非常巧妙的數學模型，稱為細胞自動機（cellular automaton，CA），這是研究資訊與生命之間關聯的常用工具。最著名的 CA 例子被貼切地稱為「生命遊戲」，由數學家康威（John Conway）發明，並在電腦螢幕上進行。我必須強調的是，生命遊戲與現實的生物相去甚遠，而且細胞自動機中的「細胞」（cell）一詞並不意圖與活細胞有任何關聯──很可惜，這只是一個術語上的巧合（牢房是一個更中肯的解釋）。研究細胞自動機的原因是，儘管它們與生物的關聯很薄弱，卻能捕捉到生命邏輯的一些深層內容。遊戲本身可能很簡單，卻蘊含著一些令人驚嘆且影響深遠的特性。因此，生命遊戲擁有一批狂熱追隨者也就不足為奇了；人們不僅喜歡玩它，甚至為它譜曲；數學家喜歡探索它的神祕特性；生物學家從中挖掘線索，以瞭解生命在組織結構最基本層面上運作的原理。

遊戲的進行方式是這樣的：設置一個方格陣列，就像棋盤或電腦螢幕上的像素一樣。每個方格可以填滿，也可以不填滿。填滿的方格就稱為「活」的狀態，空的方格就稱為「死」的。一開始，要先確定活方格和死方格的分布模式，可以是任何你喜歡的樣子。但要讓事情發生變化，就必須有規則來改變這個模式。每個方格都有八個相鄰的方格：在簡單的 CA 中，特定方格如何改變其狀態（活或死）取決於這八個相鄰方格的狀態。以下是康威

選擇的規則：

1. 任何活細胞，只要鄰居少於兩個活細胞就會死亡，這是由於細胞數量不足造成的。
2. 任何有兩個或三個活細胞鄰居的活細胞，都會存活到下一代。
3. 任何擁有超過三個活細胞鄰居的活細胞都會死亡，就像人口過剩一樣。
4. 任何死細胞只要有三個活細胞鄰居，就會變成活細胞，就像繁殖一樣。

　　這些規則同時應用於陣列中的每個方格，而且方格的分布模式（通常）會改變，因為細胞被「更新」了。當這些規則被反覆應用，每次更新都是一「代」，就能創造出持續的變化模式，產生令人著迷的效果。然而，遊戲的真正趣味並不在於藝術或娛樂，而是它可以作為研究形狀之間的複雜性和資訊流的工具。有時候，電腦螢幕上的圖案似乎有了自己的生命，在螢幕上連貫地移動，或者碰撞在一起並從碎片中創造出新的形狀。一個受人喜愛的例子是滑翔機，是由五個活方格組成，會以翻滾的動作在螢幕上爬行（見圖8）。令人驚訝的是，如此引人注目的複雜性，竟然可以透過重複簡單的規則而產生。*

---

* 原注：這引發了一個關於生命本質相當深刻的問題。每個人都同意生命是複雜的，但生命的複雜性是因為它是一個複雜過程的產物，或者它可能是連續簡單過程的結果，就像生命遊戲一樣？感謝沃克強調複雜過程和複雜狀態之間的差異。

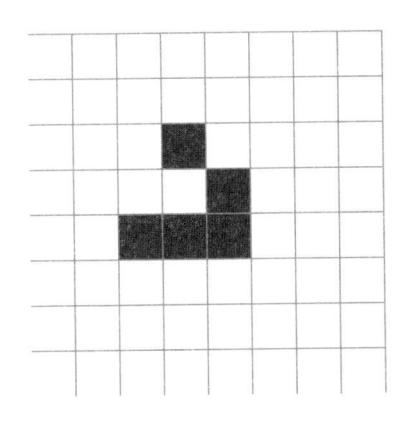

圖 8：生命遊戲

這種填充方格的配置會根據康威的規則一代一代演變，在螢幕上滑行，同時不會改變它的內部配置。它將持續前進，除非機器中的惡魔與其他填滿方塊中的惡魔相撞。

　　給出一個隨機的起始模式後開始遊戲，可能會發生幾件事。模式可能會演變和變化一段時間，但最終會消失，留下空白的螢幕。或者它們可能會停留在某個靜態形狀，或每隔幾代就循環相同的形狀。更有趣的是，它們也可能會永遠持續下去，產生無限的新奇事物，就像在真實的生物中一樣。如何才能事先知道，哪些起始模式將會產生無限的變化？一般來說這是無法預知的。這些模式並不是任意形成的，且遵循比自身更高層次的規則。事實上，這些模式可以在其行為中執行基本的邏輯操作：它們就是計算機裡的計算機！因此，可以用這些模式執行圖靈機或通用計算機，只是速度較慢。由於這個特性，圖靈的不可判定性分析可以直接應用於生命遊戲。結論就是：人們無法以任何系統性的方式，去預先確定一個特定的初始模式是否會穩定下來，或是永遠持續下去。[5]

對於電腦螢幕上的模式可以擺脫其載體的束縛,像《駭客任務》那樣創造出自己的宇宙,同時其一舉一動仍然受到邏輯鐵律的約束——這仍然讓我覺得有點怪異。但這就是哥德爾不可判定性的力量:邏輯的嚴格性與創造不可預測的新事物是相容的。然而,生命遊戲確實引發了一些關於因果關係的嚴肅問題。我們真的能把螢幕上的形狀,視為能夠「導致」事件的「事物」(things),例如碰撞產生的凌亂碎屑嗎?形狀畢竟不是實體物件,而是**資訊**模式;它們發生的一切都可以在電腦程式的較低層次上得到解釋。然而,系統固有的根本不可判定性意味著,存在著產生新興秩序的空間。顯然,在形狀的層次上,我們可以制定更高層次的訊息「互動規則」。類似的事情一定在生命中(和意識中)發生,其中的因果敘述可以應用於資訊模式,而**不受物理載體的影響**。

儘管我們很容易將生命遊戲中的形狀視為遵循某些規則,且具有某種獨立存在性質的「事物」,但這之中仍有一個深刻的問題:在什麼意義上,我們可以說兩個形狀的碰撞「導致」了另一個形狀的出現?雪梨大學的利齊爾和鄒科彭科試圖透過仔細分析細胞自動機,包括前述的生命遊戲,以找出單純的相關性與物理上的因果關係之間的差異。[6] 他們將資訊流經的系統,視為注入染料的河流,並在下游尋找染色的跡象。染料的去向會受到注射點發生的情況的「因果影響」。或者,換個說法,如果 A 對 B 有因果關係,就意味著(打個比方)擺動 A 會導致 B 稍後也跟著擺動。但利齊爾和鄒科彭科也承認,他們所說的「預測訊息轉移」(predictive information transfer)的存在,意思是即使 A 和 B 之間沒

有直接的物理關聯，如果僅僅瞭解 A 的一些情況就能幫助你更瞭解 B 的下一步作為，就算是發生了預測訊息轉移的現象。*人們可能會說，A 和 B 的行為透過一種具有自身動力的資訊模式而相互關聯。結論是，資訊模式確實形成了因果單元，並結合起來創造了一個具有自己的敘事和突發活動的世界。儘管這種說法看起來有些反傳統，但我們在日常生活中經常會做出類似的假設。例如，眾所周知，人們的品味和觀點會隨著年齡的增加，變得更保守。雖然很難說這是一種自然法則，但的確是一種人性的普遍特徵，儘管我們知道，人類的思想和行為最終是由遵循物理定律的大腦所驅動的，但我們都將「人性」視為真實存在的事物或屬性。

　　CA 可以用很多種方式來進行歸納。例如，康威規則是「局部的」，因為它們只牽涉到最近的鄰居。但要納入非局部的規則也很容易；在這種規則中，一個方格會透過參考一個或兩個方格以外的鄰居來更新狀態。此外也有非同步更新的規則，即不同的方塊以不同的步驟進行更新。另一個常見的規則是允許方塊處於兩種以上的狀態，而不是簡單地處於「活」或「死」的狀態。請記住，馮・諾伊曼的主要動機是建構一個既具有自我繁殖能力又

---

* 原注：沒有因果關係的相關性並不神祕。我舉一個簡單的例子：假設我透過電子郵件向我倫敦的朋友愛麗絲發送了一個祕密銀行帳戶的密碼，她立即就去動用了該帳戶，幾分鐘後，我又向紐約的鮑伯發送了同樣的消息，他也照做了。監視該帳號的間諜可能會得出錯誤的結論，認為愛麗絲已經將密碼告訴了鮑伯，也就是說，有關密碼的資訊已經從倫敦傳到了紐約，因此愛麗絲與鮑伯有因果關係。但事實上，愛麗絲的訊息和鮑伯的訊息之所以相關，並不是因為一個導致了另一個，而是因為他們共同的第三者（我）所造成的。將相關性與因果關係混為一談，是一個很容易落入的陷阱。

具有演化能力的 CA。康威的生命遊戲已證明是可演化的，但它也能支持自我繁殖嗎？是的，可以。2010 年 5 月 18 日，生命遊戲愛好者韋德（Andrew J. Wade）宣布，他發現了一種稱為雙子座的模式，這種模式在經過三千四百萬代之後確實能夠自我複製。2013 年 11 月 23 日，另一位生命遊戲愛好者格林（Dave Greene）宣布發明了第一台自我複製機，它可以造出自身的完整副本，包括馮·諾伊曼指出的關鍵說明書磁帶。這些技術成果看起來可能很枯燥，但重要的是我們必需理解，自我複製的特性反映了遊戲邏輯極為特殊的面向。對於任何一組自動機器的規則來說，無論執行了多少步驟，情況都不會如此。

　　這一切都讓我想到那個從馮·諾伊曼的研究工作中產生的重要、但仍未獲得解答的科學問題。實現不凡的自我複製和開放式演化這兩個特徵，需要的最低複雜性是多少？如果複雜性的起點相當低，我們就可以預期生命很容易出現，並在宇宙中廣泛存在。如果非常高，那麼地球上的生命可能是個例外，是一系列極不可能事件的異常產物。當然，馮·諾伊曼最初提出的細胞自動機相當複雜，每個方格被分配了二十九種可能狀態之中的一個。生命遊戲要簡單得多，但需要大量的計算資源，並且仍然具有令人望而生畏的複雜性。然而，這些僅僅是已經解決的例子，這個領域仍然是非常活躍的研究主題。目前還沒有人知道馮·諾伊曼機的 CA 電腦模型所需的最小複雜性，更不用說由分子構成的、實體的 CA 了。

　　最近，我的同事亞當斯和沃克對細胞自動機理論做了一個新

穎的詮釋。生命遊戲在二維細胞陣列上展開，但亞當斯和沃克不同，她們利用的是一維細胞陣列。與之前一樣，方格可能是已填滿的，也可能是空的。你從任意填滿的方塊模式開始，然後使用更新規則讓方格一步一步地演變——如圖 9 所示。圖中的時間是向下流動的：每條水平線代表 CA 在該時間步驟的狀態，而且是從上面一行根據規則得出；連續的更新規則就會產生模式。數學家沃夫倫（Stephen Wolfram）對一維 CA 進行了詳盡的研究：有兩百五十種可能的更新規則，這些規則只考慮最鄰近的方格。就像生命遊戲一樣，有些模式很無聊，例如停留在一種狀態，或在相同的幾種狀態之間反覆循環。但沃夫倫發現，有一些規則可以產生更大的複雜性。圖 10 顯示了一個範例，其中使用沃夫倫規則 30 和一個填滿正方形作為初始條件。請將圖 9 的規律性（使用規則 90）與圖 10 中的精細結構（使用規則 30）進行比較。

亞當斯和沃克希望透過納入不斷變化的環境，使 CA 更真實地代表生物，因此她們將兩個 CA 結合在一起（從計算的角度來說）：一個 CA 代表生物體，其他 CA 代表環境。然後，她們引入了一個在根本上與傳統 CA 模型不同的概念：允許「有機體」的更新規則發生變化。為了確定在每個步驟中，要應用兩百五十六條規則中的哪一條，她們將「有機體」CA 的細胞看作與相鄰細胞成捆組成的三聯體（即 000、010、110 等），並將每個三聯體模式與「環境」CA 中相同三連體模式的出現頻率進行比較（如果這看起來很複雜且技術性很重，請不要擔心；細節並不重要，重要的是引入非局部規則這一個總體想法，可以成為產生新的複雜性形式的有效方法）。因此，

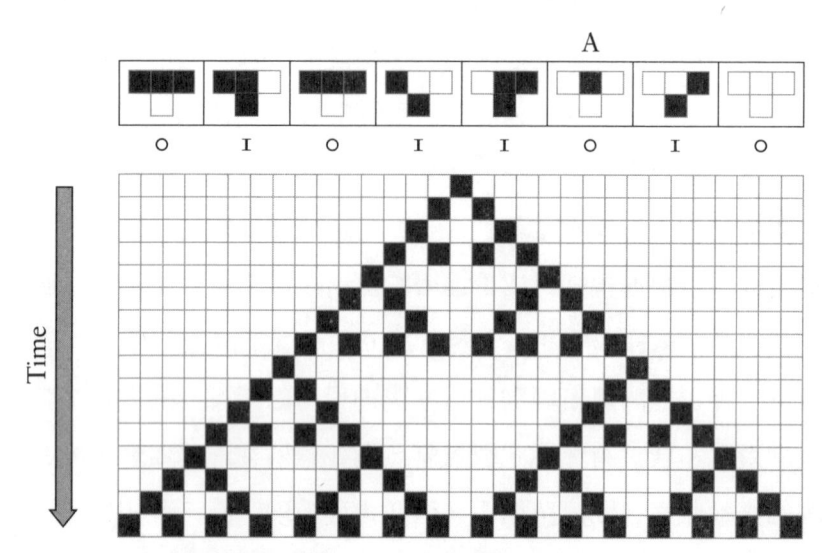

圖 9：一維（初等）細胞自動機——沃夫倫規則 90

頂部的長框顯示了規則結構。從自動機第一行中間的一個填滿方格開始，透過將規則重複應用於每個方格，產生下方的圖案。例如，在初始步驟（頂行），單一填充的方格對應於框 A 中的佈局（兩側的隔壁為空），因此該方格在下一步從填滿變為空。

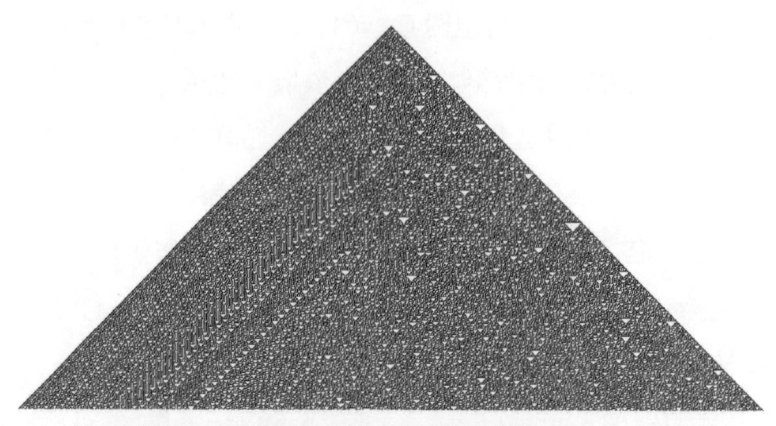

圖 10：沃夫倫規則 30 的細胞自動機，顯示複雜性的演變

這種安排會根據「有機體」本身的狀態（使其自我指涉）和「環境」的狀態（使其成為一個開放系統），來改變更新規則。亞當斯和沃克在電腦上進行了數千個案例研究，以尋找有趣的模式。她們希望找到既開放（即不會很快循環回到起始狀態）又具有創新性的演化行為。在這種情況下，創新意味著，即使考慮到每個可能的起始狀態，觀察到的狀態序列也永遠不會出現在兩百五十六種可能的固定規則 CA 中的任一個中。事實證明，這種行為很少見，但也有一些很好的例子。這花費了大量的計算時間，但她們發現的足以讓她們相信，即使在這個簡單的模型中，狀態相關的動力學也為複雜性和多樣性提供了新的研究途徑。[7] 她們的研究很好地說明了，僅僅處理一些資訊位元是不夠的；為了掌握生物完整的豐富性，資訊處理的規則本身也必須不斷發展。我將在結語中回到這個重要的主題。

生物學家能修理收音機嗎？

無論生命最小的複雜性如何，毫無疑問，即使是最簡單的已知生命形式也已經極為複雜。事實上，生命的複雜性如此令人望而生畏，人們很容易放棄嘗試從物理角度去理解它。物理學家也許能夠準確地解釋氫原子，甚至水分子，但用同樣的術語來描述細菌又有何希望？

一代或兩代以前，情況看起來更光明。隨著 DNA 結構被闡明、通用遺傳密碼被破解，生物學被化約論的狂熱籠罩。人們傾

向於認為,大多數生物學問題的答案都可以在基因層面找到,道金斯透過其「自私基因」的概念,有力地闡述了這一觀點。[8] 毫無疑問,化約論應用於生物學已經取得了一些令人矚目的成就。例如,特定的缺陷基因與多種遺傳性疾病有關,如家族黑矇性癡呆症。但人們很快就瞭解到,在生物體層面上,一個基因或一組基因,與一個生物性狀之間通常沒有簡單的連結。許多特性只有將系統作為一個整體考慮時才會顯現,這包括了會相互作用的整個基因網路,以及許多非遺傳或所謂的表觀遺傳因素。這些因素可能還涉及環境(我將在下一章中回顧這個主題)。當涉及社會生物(例如螞蟻、蜜蜂和人類)時,完整的解釋還需要考慮整個社群的集體組織。隨著這些事實逐漸被人們理解,生物學又開始顯得極為複雜。

但或許,化約論還沒有敗下陣腳。化約論的另一面是突現性(emergence)——意味著新的品質和原則可能會在更高的複雜程度上出現,這些新的內容本身可能相對簡單,不需要瞭解太多下面的層次即可掌握。突現性聽起來具有某種神祕色彩,但事實上它在科學中一直發揮著作用。工程師無需考慮金屬複雜的晶體結構,即可充分瞭解鋼梁的性能。物理學家可以研究對流的模式,而無需瞭解水分子之間的力。那麼,「從突現帶來簡化」在生物學中也適用嗎?

針對這一個問題,俄羅斯生物學家拉贊比克(Yuri Lazebnik)寫了一篇幽默文章,題為〈生物學家能修理收音機嗎?〉。[9] 就像無線電接收器一樣,細胞被設定為可接收外部訊號,以觸發適

當的反應。舉個例子：EGF（epidermal growth factor，表皮生長因子）分子可能存在於組織中，並與特定細胞表面的受體分子結合。受體橫跨細胞膜，與細胞內部的其他分子進行通訊。EGF 結合事件會觸發細胞內的一連串信號，導致基因表現和蛋白質產生改變，在這種情況下導致了細胞增殖。拉贊比克指出，他妻子的舊晶體管收音機也是一個訊號感測器（它將無線電波轉換成聲音），並且有數百個元件，其複雜程度與細胞中的訊號傳導機制差不多。

拉贊比克妻子的收音機壞了，需要修理。拉贊比克很想知道，如果是一位化約論生物學家將如何解決這個問題？這麼說吧，第一步就是取得大量類似的收音機，仔細觀察每一台，注意差異，並根據顏色、形狀、大小等，對組件進行分類。然後生物學家可能會嘗試移除一兩個元素，或交換它們，以觀察會發生什麼事。根據所得結果，可以發表數百篇學術論文，其中一些結果令人費解或相互矛盾。有些結果將會獲頒獎項，得到專利。某些組件將被確認為必要的，而其他組件則不那麼重要。移除必要零件將導致收音機完全停止運作，其他零件可能只會以複雜的方式影響聲音的品質。由於典型的電晶體收音機中有幾十個組件，以各種模式連接在一起，因此這種收音機可說是「非常複雜」，而且因為涉及太多變數，可能超出科學家的理解能力。然而每個人都會同意，我們需要更多的預算來擴大研究。

在擴大的研究計畫中，一個有用的研究方向是使用強大的顯微鏡，在電晶體、電容器和其他物體內部尋找線索，直到原子層面。這項大型研究可能會持續數十年，並耗費大量資金。當然，

這是沒用的。然而，拉贊比克在電晶體收音機諷刺劇中所描述的，正是現代生物學中大部分研究所採用的方法。作者想要表達的重點是，一名電子工程師，甚至是一名訓練有素的技術人員，都可以輕鬆地修理故障的收音機，原因很簡單，因為他們精通電子電路原理。換句話說，透過瞭解無線電的工作原理，瞭解各個零件如何連接在一起以實現明確定義的功能，修復有缺陷模型的任務就會變得很簡單。經過一些精心選擇的調整之後，就可以再次播放音樂。拉贊比克哀嘆生物學尚未達到這種理解程度，甚至很少有生物學家以這樣的方式思考生命，即從活細胞的角度思考生命。這些活細胞包含具有某些邏輯功能的模組，從化學角度來說，這些模組「連接在一起」，並形成具有反饋、前饋、擴增、轉導（transduction）和其他控制功能的網路，以實現集體功能。重點是，在大多數情況下，我們不需要知道這些模組內部發生了什麼事，就可以瞭解整個系統發生了什麼狀況。

　　幸運的是，時代正在改變。生命的概念正在被重新定義，其方式與電子和計算領域密切相關。2008 年，諾貝爾獎得主、後來成為英國皇家學會會長的生物學家納斯（Paul Nurse）在《自然》上發表了一份宣言，表明有關未來系統生物學（systems biology）的遠見。[10] 在一篇題為〈生命、邏輯和資訊〉的論文中，納斯預示著生物學新時代的到來：

　　專注於資訊流將有助於我們更好地理解細胞和生物體的工作原理……我們需要描述生物體內發生的分子相互作用和生化

轉化,然後將這些描述轉化、揭示為如何管理資訊的邏輯電路⋯⋯這項計畫需要兩個階段的工作:描述和分類管理細胞訊息的邏輯電路,以及簡化的細胞生物化學分析,以便與邏輯電路連結起來⋯⋯一個有用的類比是電子電路。此類電路表示的是使用符號來定義所用電子組件的性質和功能。它們也描述了組件之間的邏輯關係,清楚說明了資訊在電路中的流動方式。要組成管理細胞資訊電路的邏輯模組,就需要類似的概念化。

哲學家和科學家一直爭論不休:從「原則上」來說,所有生物現象是否都可以歸結為原子的活動。但大家一致認為,從實際情況來看,在更高層次上尋找解釋更有意義。在電子領域,一個設備可以透過標準組件,例如電晶體、電容器、變壓器、電線等,進行完美的設計和組裝,設計師無需擔心每個組件在原子層面上發生的精確過程。你不需要知道某個組件**如何**作用,只需要知道它的**作用**。當電子電路以某種方式處理資訊時,例如訊號傳導、整流或放大,或作為電腦的一個組件等等,這種實用方法就變得特別有效,因為這樣就可以完全從資訊流和軟體的角度來解釋論述,而不需要參考硬體或模組本身,更不用說它的分子部分了。同樣地,納斯敦促道,我們應該盡可能地根據更高單位的資訊特性,來尋求細胞內和細胞間過程的解釋。

當我們觀察活生物時,我們會看到它們的物質軀體。如果我們深入探索,我們會發現器官、細胞、胞器、染色體,甚至(在

使用精密設備下）分子本身。我們看不到的是資訊。我們看不到大腦迴路中的資訊流以什麼模式旋轉，看不到細胞中惡魔般的資訊引擎大軍，也沒有看到一連串信號分子井然有序地進行著從不消停的舞蹈。我們看不到 DNA 中儲存的密集資訊。我們看到的是物質，不是位元。我們僅僅瞭解了生命故事的一半。如果我們能夠透過「資訊之眼」看世界，那麼表徵生命的湍流、閃爍的訊息模式將會以獨特而奇異的方式浮現出來。我可以想像，未來的人工智慧（AI）將能夠適應資訊，被訓練成能夠透過人們頭腦中的資訊架構，而不是根據臉部來識別一個人。每個人都可能有自己的辨識模式，就像某種偽科學式的光環一樣。重要的是，生物體內的訊息模式並不是隨機的。更精確地說，就像解剖構造和生理一樣，是為了最佳的適應性而演化形成的。

　　當然，人類無法直接感知訊息，只能感知訊息所體現的物質結構、資訊流動的網路，以及將訊息連結在一起的化學迴路。但這並不會降低資訊的重要性。想像一下，如果我們只透過研究電腦內部的電子設備，來瞭解電腦的工作原理。我們可以在顯微鏡下觀察微晶片，詳細研究接線圖，並研究電源。但我們仍然不會知道，Windows 作業系統是如何發揮其魔力的。要完全理解電腦螢幕上顯示的內容，必須諮詢軟體工程師，他們編寫電腦程式碼來創建功能，並利用程式碼來組織電路中流動的資訊。同樣地，要充分解釋生命，我們需要瞭解它的硬體和軟體，也就是它的分子組織和資訊組織。

生物迴路與生命音樂

　　繪製生命的迴路是一個仍處於起步階段的領域，也是系統生物學的一部分。電子電路具有物理學家熟知的組件，但生物學中的對應物則還未被充分理解。許多化學迴路是由基因控制，並透過化學途徑「連接」在一起，以產生諸如反饋和前饋之類的特性；這在工程學中很常見，但細節可能很混亂。為了增添趣味，讓我專注討論生命的一個非常基本的特性：調節蛋白質的生產。生物體聰明地監測其環境，並做出適當的反應。甚至細菌也可以檢測周圍的變化，會處理這些資訊並執行必要的指令，以改變其狀態而獲得優勢。在大部分的情況下，這種改變包含增強或抑制某些蛋白質的產生。產生適量的特定蛋白質是一項需要仔細調節的平衡任務。過量可能會有毒；太少可能意味著飢餓。細胞如何調節在特定時間所需的特定蛋白質的量？答案在於一組被稱為**轉錄因子**的分子（本身就是蛋白質），它們具有獨特的形狀，可以識別DNA的特定片段並黏附其上。透過這樣的結合，它們可以增加或減少附近基因表現的速率。

　　瞭解它們究竟如何調節是很有價值的。之前（第88頁），討論到一個名為RNA聚合酶的分子，其作用是沿著DNA爬行並「讀出」序列，並在移動過程中創建對應的RNA分子。但RNA聚合酶並不是心血來潮就這麼做的，它會等待信號（「我的蛋白質有需求了：現在轉錄我！」）。在基因起始處附近有一個DNA區域，它會發出「綠燈」（go）的信號，稱為啟動子（promoter），因為

它會啟動轉錄過程。只有在啟動子處於「綠燈」模式時，才會吸引 RNA 聚合酶與其結合，以啟動轉錄：白話點說，就是先對接再啟動。但只有當啟動子處於「綠燈」模式時，RNA 聚合酶才會與啟動子對接——轉錄因子就是在調節這裡所發生的事情。透過與啟動子區域結合，特定的轉錄因子可以阻斷啟動子並阻止 RNA 聚合酶與其對接。出於明顯的原因，在這個作用中，**轉錄因子被稱為抑制子**（repressor）。如果不需要蛋白質，這一切都很好。但如果情況發生變化，被遏阻的基因需要表現，會發生什麼事？顯然，遏阻的抑制子必須以某種方式被驅逐。那麼，這一步該如何進行呢？

人們很久以前就發現一個很好的例子，即常見的大腸桿菌所使用的機制。葡萄糖是這種細菌最喜歡的食物，如果葡萄糖供應不足，這種多才多藝的微生物可以透過代謝另一種叫做乳糖的糖來應付。為了完成這種轉換，細菌需要三種特殊的蛋白質，表達三個相鄰的基因。僅作為應急計畫而保持這些基因活躍是浪費的，因此大腸桿菌有一個化學迴路來調節必要基因的開關功能。當葡萄糖充足時，抑制轉錄因子會靠近這三個基因的 DNA 啟動子區域，與其結合，阻止 RNA 聚合酶結合。接著當細胞開始上述基因的轉錄過程時，這些會基因保持關閉。然而，當周圍沒有葡萄糖但有乳糖時，乳糖的副產品會與抑制子的分子結合，使其處於去活化狀態，這麼一來就能幫助 RNA 聚合酶附著在 DNA 上，並發揮作用。這三個關鍵基因這時就會開始表現，乳糖代謝也開始了。當葡萄糖再次充足時，還有另一種轉換機制可以再次

關閉乳糖代謝基因。

大腸桿菌總共有大約三百個轉錄因子,來調節其四千種蛋白質的產生。我已經描述了抑制子的功能,但是其他的化學安排則允許其他的轉錄因子充當活化因子（activator）。在某些情況下,相同的轉錄因子可以活化許多基因,或活化一些基因並抑制其他基因。這些不同的替代方案可以帶來豐富而多樣的功能[11]（相較之下,人類的二萬個基因中約有一千四百個轉錄因子）。[12]

考慮到分子成分和化學迴路的可能組合數量之多,你可能會想像,細胞中的資訊流將是一個位元漫天旋轉、難以理解的的瘋人院。值得注意的是,它比你想的更井然有序多了。在廣大的化學網路中,存在許多反覆出現的主題,或說資訊模體（informational motif）,顯示某些生物功能具有很高的利用性。其中一個例子就是前饋迴路,我關於大腸桿菌代謝的討論中介紹了它的基本邏輯。考慮到邏輯函數可以是「及閘」或者「或閘」（見BOX 6）,應該有十三種可能的基因調節組合,其中只有一個,即前饋迴路,是這個化學網路的網路模體[13]。由於基因突變很容易去除化學網路中的一個鏈接,某些網路模體能夠如此完整地保存下來,顯示了其在演化過程中存在著強大的選擇壓力。這些反覆出現的模體必定很重要,其存在背後必有原因。一種解釋是穩健性；工程經驗顯示,當環境發生變化時,組件範圍較少的模組化結構會更容易適應。另一種解釋是多功能性；借助一套大小適中、經過充分試驗且可靠的零件工具包,就可以按照相同的簡單設計原理,以分層的方式（樂高愛好者和電子工程師所熟知的方式）構建大

BOX 6
細胞如何計算

轉錄因子可以結合它們的活動，來創造類似電子電路和計算中使用的各種邏輯功能。以 AND（及閘）功能為例，只有在同時收到來自開關 X 和 Y 的訊號時，開關 Z 才會開啟。為了實現這一點，一個化學訊號會將轉錄因子 X 轉換為其活化形式 X*；從化學的角度來說，X 被打開了。被活化後，X* 可能與基因 Y 的啟動子結合，導致 Y 的產生。如果現在有第二個（不同的）訊號將 Y 轉換為其活性形式 Y*，則細胞將同時具有 X* 和 Y*。如果有第三個基因 Z，而該基因（透過演化！）設計為只有當 X* 和 Y* 同時存在並與其啟動子結合時，才會打開，那麼這種安排就可以作為 AND 邏輯閘。其他安排也可以實現 OR 邏輯計算，即如果 X 或 Y 轉換為其活性形式，並與 Z 的啟動子結合，則 Z 被活化。當一系列這樣的化學過程串聯起來，就可以形成電路，從而執行一連串極其複雜的訊號和資訊處理。由於轉錄因子本身也是由其他基因產生的蛋白質，由其他轉錄因子調控，因此整個組合體形成了一個訊息處理和控制網路，其回饋和前饋功能與大型電子電路非常類似。這些迴路負責促進、控制和調節細胞中訊息的模式。

量結構。[14]

雖然我主要研究轉錄因子，但還有許多其他的複雜網路與細胞功能有關，例如控制細胞能量的代謝網路、與蛋白質—蛋白質相互作用有關的信號轉導網路，以及複雜動物的神經網路。這些不同網路並不是獨立的，而是相互耦合，形成嵌套、相互關聯的資訊流。**轉錄因子**還有許多其他機制來單獨或成組地調節細胞過程，包括直接作用於 mRNA 或以多種方式修飾其他蛋白質。透過如此多的調節性化學途徑，使它們能夠微調自己的行為，以高度精確的方式回應外界的變化，來演奏出「生命的音樂」，就像一台調音良好的電晶體收音機可以完美播放貝多芬的音樂一樣。

在更複雜的生物體中，基因控制也會更為複雜。真核細胞具有細胞核，其大部分 DNA 被包裝成幾條染色體（人類有二十三條）。在染色體內，DNA 會被緊密包裝起來，纏繞在蛋白質紡錘體上，並進一步折疊和擠壓到非常高的程度，這種壓縮形式的物質稱為染色質。染色質在細胞核內的分布取決於許多因素，例如細胞在細胞週期中的階段。在大部分的週期中，染色質緊密結合，以防止基因被「讀取」（轉錄）。如果需要由一個基因或一組基因編碼的蛋白質，染色質的結構就必須改變，以使讀出機制能夠存取所需的片段。染色質的重組受到各線狀或微管狀網路的控制。因此，整組基因可能會被**機械式地**靜默或活化：不是將該區域高度壓縮的染色質「包藏起來」（under wraps，更準確地說是包裹起來〔wrapped up〕），就是將其解開，使得轉錄能夠進行。

這裡的狀況不僅是馬克士威惡魔的微弱回音而已——在這種情況下，細胞惡魔相當實際地「拉動繩索」，只是他打開的不是遮板，而是一個精心纏繞的包裹，裡面包著帶有資訊的相關基因。值得注意的是，癌細胞常常表現出明顯不同的染色質結構，這也意味著基因表現模式的改變；我將在下一章完整討論這個主題。

隨著科學家逐漸解開細胞的電路圖，許多「重新布線」的實際可能性逐漸顯現出來。生物工程師正忙於設計、改造、建造和重新利用活電路，來執行指定的生物任務，包含生產新的治療方法或新穎的生物技術過程，甚至執行算術。合成生物學（Synthetic biology）主要局限於細菌，但最近的新技術已經使這類工作擴展到哺乳動物的細胞上。波士頓大學和蘇黎世聯邦理工學院開發了一種能透過 DNA 切除進行布林邏輯和算術的技術，簡稱 BLADE（Boolean logic and arithmetic through DNA excision）。[15] 研究人員可以建構相當複雜的邏輯電路，並期望能使用它們來控制基因表現。他們所建構的許多迴路似乎是前所未見的，也就是說，從未在現存的生物體中被發現過。波士頓大學的小林秀樹（Kideki Koboyashi）團隊發現，重新連接已知生物體迴路的研究前景十分光明：「我們的研究工作代表著我們朝著『即插即用』的基因電路邁出了一步，這種電路可用於創建具有可編程行為的細胞。」[16] 目前，細胞合成電路是系統生物學中一個發展迅速的研究領域，每年都會有更多的出版物詳細介紹新型的細胞電路[17]。這種新的「電子」生命途徑有著巨大的醫學前景。當疾病（例如癌症）與資訊管理缺陷（如模組故障或電路連結斷開）有關

時，補救措施可能是透過化學方法為細胞重新布線，而不是摧毀它們。*

BOX 7
透過它們的位元，你們將瞭解它們：
數位醫生的出現**

　　想像未來的醫生（無疑是一種人工智慧），能透過一些可即時檢測基因表現的驚人技術，凝視著遠處像城市燈光一樣閃爍、舞動的圖案，並診斷患者的病情。這將是一個處理位元，而不是處理身體組織的數位醫生，一個醫療軟體工程師。我可以想像我未來的醫生宣稱，這個或那個閃閃發光的基因群中存在癌症的早期跡象；或者遺傳的基因缺陷產生了異常的發光斑塊，顯示肝臟中某種蛋白質的過度表現；或者可能是更安靜的斑點，顯示一些細胞沒有獲得足夠的氧氣、雌激素或鈣。資訊流和資訊群集的研究，將提供比當今使用的化學測試更強大的診斷工具。治療將專注於建立健康、平衡的資訊模式，或許針對一些有缺陷的模組進行治療，甚至

---

* 原注：這一切有一個不可避免的缺點，那就是可能會出現為了控制或種族滅絕而進行生物駭客攻擊的情況。

** 譯注：原文「By their bits ye shall know them」，模仿《馬太福音》7章20節：「從它結的果你可以認出它」（By their fruits you will know them）

重新設計它們，就像（老一代的）電子工程師可能會更換電晶體或電阻以恢復收音機的正常功能一樣（這方面我所描述的可能會讓人聯想到一些中醫方法）。數位醫生可能不會尋求更換任何硬體模組，而是決定重寫一些代碼，並以某種方式在細胞層面將其上傳到患者體內，以恢復細胞的正常功能，可說是一種將細胞重開機的技術。

這聽起來可能像科幻小說，但資訊生物學正與電腦技術並駕齊驅，儘管落後了幾十年。1950 與 60 年代，隨著 DNA 三聯體密碼和轉譯機制的闡明，生命的「機器語言」（machine language）已經破解。現在，我們需要弄清楚「更高階」的生命電腦語言。這是至關重要的下一步。今天的軟體工程師不會使用機器語言，寫下大量的 1 和 0 來設計一款新的電腦遊戲；他們會使用像 Python 這樣的高階語言。打個比方，當一個細胞透過增加它泵出的質子數量，來調節跨膜電位時，用基因密碼子來描述細胞運作的「機器碼」並不是很有啟發性。細胞這種單位在更高層次上運作，以管理其物理和資訊狀態，並動員複雜的控制機制。這些監督過程並不是任意的，而是遵循其自身的規則，就像軟體工程師使用的高階電腦語言一樣。而且，就像軟體工程師能夠重新編寫高階程式碼，生物工程師也可以重新設計生命系統更複雜的功能。

作為模組的基因網路

　　生物迴路可以產生數量呈指數級成長的形式和功能，但對於科學來說幸運的是，有一些簡單的底層原理在發揮作用。在本章前面我描述的生命遊戲，只是重複執行一些簡單的規則就可以產生令人意想不到的複雜程度。回想一下，遊戲將方塊或像素簡單地視為開或關（填滿或空白），並根據最近鄰居的狀態給出更新規則。網路理論與此非常類似。例如，電網是由一組開關以及連接它們的電線組成。開關可以打開或關閉，也有決定特定開關是否改變狀態的簡單規則——就是根據來自相鄰開關的電線傳來的訊號。在電腦上模擬整個網路很容易，可以將開關置於特定的起始狀態，然後逐步更新，就像細胞自動機一樣。更新後的活動模式取決於接線圖（網路拓樸）和起始狀態。網路理論可以相當普遍地發展為數學練習題：將開關視為「節點」，電線視為「邊」。從非常簡單的網路規則出發，就可以產生豐富而複雜的活動。

　　網路理論已廣泛應用於經濟學、社會學、城市規劃、工程學等眾多主題，以及從磁性材料到大腦的所有科學領域。在這裡，我考慮的是如何將其應用於調控基因表現，無論是開啟還是關閉。與細胞自動機一樣，網路可以表現出多種行為；我想要專注探討的是系統何時進入循環狀態。循環對於電子產品來說很常見，例如，我的廚房裡有一台新的高級洗碗機，是我自己安裝的。它的內部有一個電路板（現在實際上只是一個晶片）來控制循環。它有八種不同的可能循環方式。如果出現問題，電子設備會有一個

裝置來停止循環。在這方面，洗碗機並不是唯一的：你體內的細胞也有類似的電路來控制它們的循環。

什麼是細胞週期（cell cycle）？想像一個新生的細菌，也就是說，親代細菌最近分裂成兩個子細菌，剛開始獨立生活。幼年的細菌忙於做細菌該做的事，在許多情況下，這包括大量的閒逛。但它的生理時鐘在滴答作響；它感覺到繁殖的需要。於是發生內部變化，最終導致 DNA 的複製和整個細胞的裂變。如此完成了這個週期。*

正如你所預料的，在複雜的真核生物中，細胞週期更加複雜。一個很好的折衷是酵母，它和人類一樣屬於真核生物，但是一種單細胞生物。酵母的細胞週期受到了廣泛關注（納斯和我在亞利桑那州立大學的同事哈德維〔Lee Hartwell〕因相關研究共同獲得了諾貝爾獎），而布來梅大學的達維迪奇（Maria Davidich）和博恩霍特（Stefan Bornholdt）研究出了運作該週期的控制迴路。[18] 事實上，酵母菌的種類很多。不過我只討論其中一種，即粟酒裂殖酵母（*Schizosaccharomyces pombe*），也稱為裂殖酵母。它的細胞週期基因網路如圖 11 所示。節點（圖中的點）代表基因（或嚴格地說，代表基因編碼的蛋白質）；連線表示連接基因的化學途徑（類似電子設備中的電線）；箭頭方向表示一個基因活化另一個基因；而虛線則表示一個基因抑制或壓制了另一個基因（類似於生命遊戲中相鄰的方

---

* 原注：生理時鐘是另一個有趣的故事。正如我所提到的，全速前進的細菌可以在二十分鐘內完成整個週期，但活在攝氏零度以下的耐寒微生物，即嗜冷菌，可能需要花費數百年的時間。

格可能會促使或抑制該方格被填滿或空出的方式）。請注意，有些基因帶有環狀虛線箭頭，表示它會自我抑制。每個基因都會將所有傳入箭頭的正值（「啟動！」）和負值（「抑制！」）加總起來，然後根據特定的投票規則打開、關閉或保持原狀。

這個網路的作用是使細胞逐步完成整個週期，如果出現問題就停止進行，並在週期結束時將系統恢復到初始狀態。在這個基本功能中，酵母的基因網路可以簡單地視為一組能在電腦上模擬的網路交換器集合。[**]控制裂殖酵母細胞週期的基因調控網路特別容易研究，因為大致而言，相關基因可以看做完全開啟或完全關閉，而不是在兩者之間猶豫不決。這是一個令人滿意的簡化，因為從數學上來說，我們可以用 1 表示「開」，用 0 表示「關」，然後用 0 和 1 組成一個規則表，來描述當網路以某個特定狀態啟動，展開表演時，會發生什麼事。[***]

依照我在圖 11 中標記基因的方式，網路的起始狀態（由達維迪奇和博恩霍特透過實驗得出）是 A：關，B：開，C：關，D：開，E：關，F：關，G：關，H：開，I：關，用二進位表示就是 010100010。當標記為「開始」的基因被活化時（接收到外部化學提示，類似「好，繼續吧，繼續做下去！」），這場演出就開始了。然後，我們可以直接逐步跑完這個酵母網路的電腦模型，並將輸出與現實進行對照。表 2 顯示了每一個步驟的網路狀態。由 0 和 1

[**] 譯注：交換器泛指可以接收並傳出資料的網路硬體，為架構網路的基礎。
[***] 原注：像這樣的簡單網路被稱為布林網路，以布爾（George Boole）的名字命名，他於 19 世紀提出了邏輯運算代數的概念。

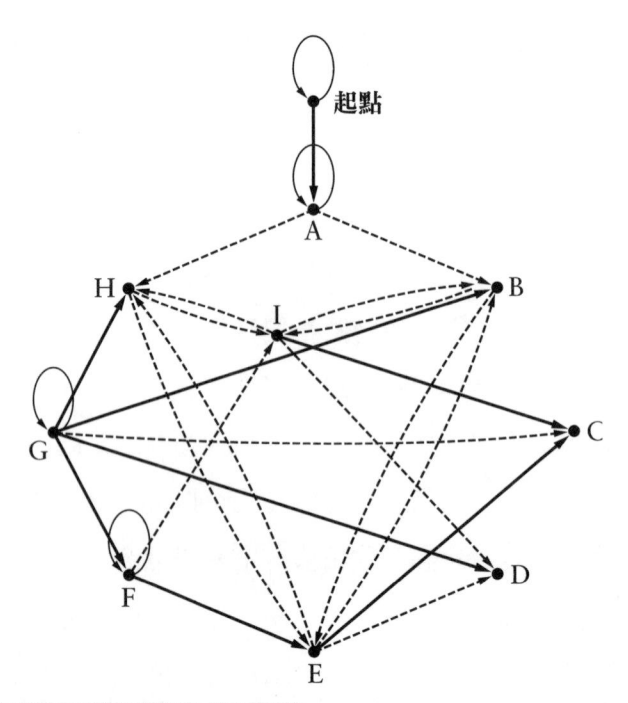

圖 11：控制酵母細胞週期的基因網路

節點代表可能由相關基因表現（1）或不表現（0）的蛋白質。實線表示該蛋白質的表現增強了所指節點所表示的其他蛋白質的表現；虛線表示抑制。

組成的中間階段對應於細胞在循環中經歷的可識別的物理狀態。這些物理狀態標記在右側欄中；這些字母代表生物學術語（例如，M代表「有絲分裂」）。十步之後，網路就會回到起始狀態，等待新的「起始」訊號來啟動下一個週期。

你可以製作圖11的動態影像，節點在開啟時會亮起，在關閉時會熄滅。接著就會出現十步美麗的閃爍模式，就像狀態良好的螢火蟲一樣。它或許可以被譜成音樂，一首生命的音樂！讓我們將這個奇妙的圖像放大，把人類想像成一個由閃爍的基因光組

Time step	Start	A	B	C	D	E	F	G	H	I	
1	1	0	1	0	1	0	0	0	1	0	Start
2	0	1	1	0	1	0	0	0	1	0	G1
3	0	0	0	0	1	0	0	0	0	0	G1/S
4	0	0	0	0	1	0	0	0	0	1	G2
5	0	0	0	1	0	0	0	0	0	1	G2
6	0	0	0	1	0	1	0	0	0	1	G2/M
7	0	0	0	1	0	1	1	0	0	1	G2/M
8	0	0	0	1	0	0	1	1	0	0	M
9	0	0	1	0	1	0	0	1	1	0	M
10	0	0	1	0	1	0	0	0	1	0	G1

表 2：此表表示控制酵母細胞週期的基因網路的逐步狀態，如圖 11 所示
0 表示相關節點已關閉，1 表示已開啟。

成的星座，閃耀著無數旋轉的圖案——如果配上音樂，那可真算得上是噪音。這個星空場域遠遠不只控制所有不同細胞週期類型的基因。會有二萬個基因，全部都在執行自己的功能。有些燈可能在大部分時間中處於關閉狀態，有些燈可能在大部分時間中處於開啟狀態，而其他燈則會以各種節奏打開和關閉。

我想指出的是，這些不斷變化的資訊模式並不是隨機的；它們描繪了網路的有組織活動，因此也描繪了有機體的有組織活動。問題是，透過研究它們，我們可以學到什麼？透過使用數學和電腦模型來描述閃爍的模式、追蹤資訊流、瞭解資訊儲存的位置和時間、識別「管理者基因」和被操控者？簡而言之，我們可以形成一個資訊論述，這個論述可以掌握有機體的本質，包括其

BOX 8
追蹤基因網路中的資訊流

　　人們可能會問，如果瞭解一個特定網路節點的歷史，比如 A，是否有助於預測它的下一步會做什麼？也就是說，如果你查看節點 A 的前三個步驟，並注意它是「開」或「關」，那麼這三步的歷史紀錄是否會提高你正確猜測下一步是開或關的機率？如果確實如此，那麼我們可以說，有一些資訊已儲存在節點 A 中。然後我們可以看看另一個節點，例如 B，並問：除了瞭解 A 的歷史之外，瞭解 B 的當前狀態，是否會提高正確猜測 A 下一步將做什麼的機率？如果答案是肯定的，則意味著，有一些資訊已從 B 轉移到 A。我的同事稱之為「轉移熵」（transfer entropy），並利用這個定義，根據轉移的資訊量對酵母細胞週期網路中的所有節點對進行排序，然後將該排序順序與一千個隨機網路的平均值進行比較。這會產生很大的差別，簡而言之，酵母基因網路傳遞的訊息比隨機基因網路多得多。研究人員進行更深入的挖掘，以找出究竟是什麼導致了這種差異，他們將注意力集中在似乎負責發號施令的四個節點上（圖 11 中的 B、C、D 和 H）。這四個基因的特殊作用使它們贏得了「控制核心」（control kernel）的名稱。控制核心似乎充當網路其餘部分的編舞者，因此，如果其他節點之一出了錯（在應該關閉時卻打開了，反之

第三章　生命的邏輯　　　135

> 亦然），控制核心就會將其拉回到正軌。它基本上將整個網路導向指定的目的地，並且從生物學角度來說，確保細胞按時裂變且一切井然有序。控制核心似乎是生物網路的普遍特徵。因此，儘管行為非常複雜，但透過觀察相對較小的節點子集，通常也可以瞭解網路的動態。

管理結構、命令和控制架構，以及潛在的故障點。

　　好吧，我們可以從酵母開始：在裂殖酵母的網路中，只有九個節點和二十條邊。但即使如此，也需要大量的計算能力來分析。第一件事是確認模式是非隨機的。更準確地說，如果你只是隨機組成一個具有相同數量節點和邊的網路，閃爍的燈光與自然的酵母網路有什麼明顯不同嗎？為了回答這個問題，我在亞利桑那州立大學的同事金鉉珠和沃克進行了一項詳盡的電腦研究，他們追蹤了資訊在酵母網路中流動時的起伏。[19] 這聽起來很容易，但事實並非如此。你無法用眼睛去觀察：訊息傳遞必須有一個精確的數學定義（見 BOX 8）。他們的分析結果是，酵母網路周圍的資訊流是高度系統化的，遠遠超過隨機流。演化似乎塑造了網路架構，部分是為了提高它的資訊處理品質。

　　如果我給人留下生物中的資訊流僅限於基因調控網路的印象，那可就錯了。可惜的是，其他網路的額外複雜性使它們更難在電腦上建立模型，尤其是就算以簡單版本的 0 和 1（開和關）建構，大多也無法做到。除此之外，當包含新陳代謝等更精細的

功能時，組成部分的數量就會急劇增加。整體觀點仍然是：在資訊模式化和處理方式上，生物將從隨機複雜性中「脫穎而出」，儘管複雜，生命的軟體描述仍然比支持它的底層分子系統簡單得多，就像電子電路一樣。

網路理論證實了資訊可以「具有自己的生命」的觀點。在酵母網路中，我的同事發現 40％透過資訊傳輸關連在一起的節點對，實際上並沒有物理上的連接，也沒有直接的化學相互作用。相反地，大約 35％的節點對雖然透過「線」有著因果連接，但它們之間卻不傳輸任何資訊；即使事實如此，系統中的資訊傳輸模式看起來可能仍然像是沿著「線路」（沿著圖的邊緣）流動。出於某種原因，相對於隨機網路，生物中「無因果關係的相關性」似乎被放大了。

在《別鬧了，費曼先生！》（*Surely You're Joking, Mr. Feynman*）[20]中，這位愛講故事並自認為流氓的物理學家描述了自己年輕時如何因能夠修理故障的收音機而出名。（是的，又是收音機！）有一次，他因為短暫看了一眼收音機後就來回走動，而受到斥責。身為理查・超級大腦・費曼，他很快就找到了故障所在，並進行了簡單的修理。他那位看得眼花撩亂的客戶詫異地說：「他是透過思考來修理收音機的！」事實是，你通常無法僅透過查看電子電路的布局，就判斷出問題在哪裡。無線電的性能同時取決於電路拓樸和組件的物理特性。如果電阻太大或電容太小，就可能無法輸出最佳的資訊流，會讓聲音失真。不論是生物、生態、社會或科技網路，所有網路都是如此。看起來相似的網路可以表現出非

常不同的資訊流模式，因為它們的組成部分——節點——可能具有不同的屬性。在酵母細胞週期的情況下，使用了簡單的開或關規則（結果令人印象深刻），但還有許多其他可能的數學關係，也將產生不同的資訊流動模式。重點是，資訊模式的動態和「電路」拓樸之間，並沒有明顯的關係。因此，從許多實際目的來看，將資訊模式視為「關注的焦點」，並忘記它的底層網路，是有價值的。只有出現問題時，才需要擔心實際的「接線」狀況。

兩位以色列數學家哈魯什（Uzi Harush）和巴澤（Baruch Barzel）最近使用大範圍網路中資訊流的電腦模型，進行了系統性的研究。他們費盡心思地追蹤每個節點和路徑對資訊流的貢獻，試圖找出主要的資訊高速公路。為了達到這一目標，他們嘗試干預系統，例如「凍結」某些節點以查看資訊流如何變化，然後評估可能對特定下游節點訊號強度產生的影響。結果有一些令人驚訝的地方：他們發現，在某些網路中，資訊主要透過樞紐流動（樞紐是許多連結集中的地方，例如互聯網中的伺服器），然而在其他網路中，資訊則避開樞紐，選擇在網路外圍流動。儘管結果呈現出非常大的多樣性，但數學家報告稱：「資訊流模式受普遍規律支配，這些規律與系統的微觀動力直接相關」。[21] 普遍規律？這種說法直指問題的核心：何時將訊息模式視為具有獨立存在的連貫事物，才是合理的？在我看來，如果模式本身遵循著某些規則或定律，就可以被視為獨立的實體。

集體智慧

「懶惰的人哪，你去查看螞蟻的動作，就可以得到智慧。」
——《箴言》6章6節

網路理論在社會性昆蟲的研究領域中得到了廣泛的應用，社會性昆蟲也表現出複雜的組織行為，這種行為源自於相鄰個體之間簡單規則的重複應用。有一次，我坐在馬來西亞的海灘上，身下是一把固定在一根結實木柱上的草傘。我記得那時我喝過啤酒，吃過薯片。其中一塊薯片掉到了地上，我任它掉在那裡。過了一會兒，我注意到一群小螞蟻圍著那個廢棄的薯片，似乎很感興趣。不久之後，牠們就開始運送它，先是水平地穿過沙地，然後垂直地沿著木柱向上運輸。這是一場英勇的集體努力，因為那可是一塊大塊薯片，而牠們只是小小的螞蟻（我根本不知道螞蟻喜歡薯片）。但事實證明，牠們能夠完成這項任務。蟻群圍繞著薯片，上面的雌蟻（工蟻全部是雌性）負責拉，下面的負責推。牠們要去哪裡？我注意到柱子頂部有一個垂直的狹縫，裡面有幾隻螞蟻守著——這肯定是牠們的巢穴。但所有的推拉顯然都是徒勞的，因為(a.)薯片看起來太大，放不進狹縫，並且(b.)螞蟻必須將薯片（大致是平的）旋轉兩個直角，才能將其插入。薯片需要在柱子垂直的表面上，與柱子呈90度凸出，然後才能執行操作。幾分鐘後，我驚嘆地發現螞蟻的策略成功了：薯片被完好無損地

拖進了狹縫。不知何故，當薯片放在地上時，這些大腦發達的小生物已經評估了薯片的尺寸和平整度，並想出如何將其旋轉到狹縫的平面上的方法。牠們第一次嘗試就成功了！

類似這樣的故事還有很多；昆蟲學家喜歡為螞蟻設定挑戰和謎題，試圖用小技巧智勝牠們。食物和舒適的住所似乎是牠們的主要關注焦點（對螞蟻來說是這樣，但毫無疑問對於昆蟲學家來說也是如此），因此牠們會花費大量的時間覓食，隨意地四處走動，尋找更好的地方築巢。亞利桑那州立大學有一個由普拉特（Stephen Pratt）領導的大型社會性昆蟲研究小組，而參觀螞蟻實驗室一直是種有趣的體驗。由於幾乎所有同一物種的螞蟻看起來都一樣，狡猾的研究人員會在牠們身上畫上彩色的點，以便追蹤牠們，觀察牠們的所作所為；螞蟻們似乎不介意。乍看之下，這些亂竄的昆蟲似乎是隨意行走，但事實上牠們大部分並非如此。牠們會根據與巢穴之間的最短距離來識別路徑，並用化學方法進行標記。如果在實驗中，螞蟻的策略被昆蟲學家打亂（例如，移動食物來源），螞蟻就會重新評估當地的地形，然後採取 B 計畫。牠們的行為中一個最顯著的特徵就是相互溝通：當一隻螞蟻遇到另一隻螞蟻時，就會發生一種小儀式，將一些位置資訊傳遞給另一隻螞蟻。* 透過這種方式，單獨一隻螞蟻所收集到的數據，也可以迅速傳播給蟻群中的許多螞蟻，方便螞蟻們進行集體決策。

在薯片被順手牽羊的情況中，顯然沒有一隻螞蟻事先制定了

---

* 原注：螞蟻的另一種常見溝通策略是共識主動性（stigmergy）——透過在環境中留下和感知沉積的費洛蒙進行溝通。

策略。這個幫眾並沒有領班（實際上應該是沒有女領班），決策是集體做出的。但是如何做出來的呢？如果我在下班回家的路上遇到一個朋友，他問我：「老兄，你今天過得怎麼樣？」那麼他可能會聽到五分鐘幾乎無趣的玩笑（儘管這可能會傳達很多資訊）。除非螞蟻的語速很快，否則牠們之間相遇的瞬間最多只能形成幾句類似「如果，那麼」這樣的邏輯陳述。但將整個蟻群中許多螞蟻之間的接觸整合起來，就會增強集體的訊息處理能力。

螞蟻並不是唯一具有某種群體決策能力的生物，甚至有人可能會猜測，牠們具有群體智慧。鳥群和魚群也一起行動，俯衝、盤旋，彷彿全部的個體屬於一個心靈。對於背後的原因，最好的猜測是，重複多次應用一些簡單的規則可以產生相當複雜的東西。我在亞利桑那州立大學的螞蟻同事們正在研究「分散式計算」的概念，將資訊理論應用於切胸蟻（*Temnothorax rugatulus*）身上。在這種螞蟻的蟻群中，工蟻數量相對較少（少於三百隻），因此更容易追蹤。目標是追蹤訊息在群體中如何流動、如何儲存，以及如何在築巢過程中傳播。所有行為都在實驗室的受控條件下進行。研究員向螞蟻提供了多個新巢穴（舊巢穴被破壞，以激勵牠們搬家），研究員研究了螞蟻如何集體做出選擇。當螞蟻集體遷徙時，少數認識路的螞蟻會回到蟻巢，並帶領其他螞蟻沿著路徑前進：這就叫做「串聯式奔跑」（tandem running）。整個過程進展緩慢，因為天真的螞蟻們笨手笨腳地前行，不斷與領頭螞蟻接觸，以確保不會迷路（螞蟻不能看太遠的地方）。當足夠多的螞蟻瞭解地標之後，牠們就會放棄串聯奔跑，轉而選擇速度更快的背

負式奔跑（piggy-backing）。

　　我的同事正在關注的一件事是反向的串聯式奔跑，即一隻知道情況的螞蟻帶領另一隻螞蟻從新巢回到舊巢。為什麼要這麼做？這似乎與負面回饋和資訊去除的動態有關，但問題尚未解決。為了解決這個問題，研究人員設計了一種由塑膠製成的假螞蟻，裡面裝有磁鐵。它由一個小型機器人引導，該機器人隱藏在螞蟻移動的板子下方。借助於可操控的人工螞蟻，我的同事進行了自己的串聯式奔跑來測試各種理論。你可以將整個動作都記錄下來以便日後進行定量分析（你可以看出這個研究很有趣！）。

　　社會性昆蟲代表了生命組織中一個令人著迷的中間階段，牠們的資訊處理方式尤其令人感興趣。但地球上龐大而複雜的生命網路，是由從細菌到人類社會、各個層次的個體和群體之間的訊息交換編織而成的。甚至病毒也可以看作是遍布全球的行動資訊包。將整個生態系統視為資訊流和儲存的網路，引出了一些重要的問題。例如，隨著複雜程度的上升，從基因調控網路到深海火山口生態系統再到雨林，資訊流的特徵是否遵循任何縮放規律？作為一個整體，地球上的生命似乎可以用某些明確的訊息特徵或模體來描述。如果地球生命沒有什麼特別之處，那麼我們可以預期，其他星球上的生命也會遵循相同的縮放定律並表現出相同的特性，這將大大有助於尋找太陽系外行星上的明確生物特徵。

形態發生的奧祕

在生命所有令人驚嘆的能力中，形態發生——即身體形態的發育，是最引人注目的一種能力。不知何故，蝕刻在DNA一維結構中、壓縮成豌豆十億分之一體積的訊息，可以釋放出精確而複雜的編排，體現在三維空間中，直至整個成熟胚胎的尺寸。這怎麼可能？

在第一章中，我提到了19世紀胚胎學家德萊施如何確信有某種生命力在胚胎發育過程中發揮作用。這種相當模糊的活力論後來被更精確的「形態發生場」概念所取代。到了19世紀末，物理學家已經利用場的概念取得了巨大的成功，這一個概念最初是由法拉第（Michael Faraday）提出的。最熟悉的例子就是電：位於空間中某一點的電荷會產生電場，並延伸到周圍的三維區域；此外磁場也很常見。因此，生物學家試圖按照類似的思路來模擬形態發生，也就不足為奇了。問題是，沒有人能夠對這個顯而易見的問題給出令人信服的答案：是什麼的場？電或磁不是那麼明顯，但肯定不會是重力或弱核力。因此，它肯定是一種「化學場」——我指的是某種化學物質，以不同的濃度遍布整個生物體。但長期以來我們仍未確定這種化學「形態發生素」的身分。

幾十年之後，我們才取得了重大進展。20世紀後期，生物學家開始從遺傳學的角度研究形態發生。他們編造的故事大致如下：當胚胎由受精卵發育而來時，最初單細胞（受精卵）的幾乎所有基因都處於開啟狀態。隨著細胞不斷分裂，各種基因就被靜

默了,其中包括不同細胞中的不同基因。結果,一團原本相同的細胞開始分化成不同的細胞類型,部分原因是受到顯然可以控制基因轉換但難以捉摸的化學形態發生素的影響。當胚胎完全形成時,分化過程已經產生了所需的所有不同類型的細胞。*

你體內的所有細胞都有**相同**的 DNA,只是皮膚細胞、肝細胞以及腦細胞有所不同。DNA 中的訊息稱為基因型,而實際的物理細胞稱為表現型。因此,一種基因型可以產生許多不同的表現型。很好。但是,肝細胞是如何聚集在肝臟中、腦細胞是如何聚集在大腦中,諸如此類——細胞間如何做到像「物以類聚」的事情呢?大部分已知的知識來自於果蠅(*Drosophila*)的研究。有些形態發生素負責使未分化細胞在指定位置分化成各種組織類型,例如皮膚、腸道、神經系統等。在細胞分化、和不同位置的其他形態發生素的釋放之間,建立了反饋迴路。一種稱為生長因子的物質(像是我在本章前面提到的 EGF)會加速該區域細胞的繁殖,這將透過發展細胞分化,改變局部的幾何形狀。這種抽象描述很容易表述,但很難轉化為詳細的科學解釋,很大程度上是因為它依賴化學網路和資訊管理網路之間的耦合,因此有兩個因果網路糾纏在一起,並隨著時間而變化。除此之外,越來越多證據顯示,不僅是化學梯度,連物理力(電力和機械力)也會促成形態發生。在下一章中,我將對這個引人注目的話題進行更多討論。

說來奇怪,圖靈對形態發生的問題很感興趣,並研究了一

---

* 原注:有些細胞,例如多功能幹細胞,僅保持部分分化並有可能變成不同種類的細胞類型。

些方程式,這些方程式描述了化學物質如何通過組織擴散,形成各種物質的濃度梯度,並以能夠產生三維圖案的方式發生反應。儘管圖靈走在正確的道路上,進展卻很緩慢。即使是那些已經確定的形態發生素,仍然存在一些謎題。要確認某項化學物質是否確實作為特定的形態發生素,其中一種方法是複製那些會產生該形態發生素的細胞,並將其植入另一個位置(這些細胞被稱為異位細胞),看看它們是否會在錯誤的位置產生重複的特徵。通常情況下,會。蒼蠅長出額外的翅膀,脊椎動物長出額外的手指。但即使列出所有異位細胞會直接影響的物質,也只是故事的一小部分。許多透過胚胎組織擴散的化學物質不會直接影響細胞,而是作為傳訊分子來調節其他化學物質。理清這些細節是一項巨大的挑戰。

另一個更複雜的因素是,單一基因很少單獨起作用。正如我所解釋的,它們形成網路,其中由某一個基因表現的蛋白質可以抑制或增強其他基因的表現。已故的戴維森(Eric Davidson)和他的加州理工學院同事,已經從化學角度成功繪製出了調控海膽早期發育的五十多個基因網路的完整線路圖(一個世紀前引起德萊施注意的也是這種低等動物)。加州理工學院的研究小組隨後編寫了電腦程序,輸入了與發育開始時對應的條件,並逐步執行網路動態模擬,每個模擬之間的時間間隔為半小時。每一個階段,他們都可以將模擬基因網路狀態的電腦模型與觀察到的海膽發育階段進行比較。瞧!模擬與實際的發展步驟完全相符(透過測量基因表現確認)。但戴維森團隊的成就超越了這一點:他們考慮了調整

基因網路的影響，看看會對胚胎產生什麼影響。例如，他們的一項實驗在稱為 delta 的網路中，敲除了一個基因，這導致胚胎喪失了所有非骨骼的中胚層組織——這是一種嚴重的異常。當他們以相應的方式改變基因網路的電腦模型時，結果與實驗觀察結果完全吻合。在一項更激烈的實驗中，他們向卵子注入了一段 mRNA 鏈，這會抑制一種名為 Pmar1 的關鍵酵素的產生。其效果是顯著的：整個胚胎轉化成了一團骨骼細胞。再一次，基於電路圖的電腦模型描述了同樣重大的轉變。

我給出的各種例子，說明了「電子思維」（electronic thinking）的力量和作用範圍——我們可以追蹤生物體內的資訊流，並將其與重要結構特徵關聯起來。生物學中，資訊概念最強大的面向之一，就是相同的普遍思想通常適用於所有尺度。納斯在其富有遠見的文章中寫道：「雖然要素完全不同，但對於資訊管理的基本原則和規則，在不同層次上可能存在相似之處……因此，在較高系統層次的研究可能會為較簡單的細胞層次研究提供訊息，反之亦然。」[22] 但是當薛丁格推測他的「非週期晶體」時，他關注的是可遺傳訊息，以及如何可靠地將其從一代傳給下一代。可以肯定的是，資訊在生物體和生態系統中以複雜的模式傳播，但它也垂直流動，代代相傳，從而為天擇和演化奠定基礎。正是在這裡，在達爾文主義和資訊理論的交會處，生命的神奇拼圖盒正迸發出最大的驚喜。

4 達爾文主義2.0
Chapter
Darwinism 2.0

「除了演化論，生物學中的一切都毫無意義。」
（Nothing in biology makes sense except in the light of evolution.）
——多布贊斯基（Theodosius Dobzhansky）[1]

「大自然，充滿了腥牙血爪。」丁尼生（Alfred Tennyson）在達爾文時代初期寫下了這段耐人尋味的話語。可以理解的是，當時的科學家和詩人慣於對天擇的殘酷性詳加描述，這體現在身體適應的軍備競賽中，無論是鯊魚鋒利的牙齒，還是烏龜堅硬的防禦殼甲。在殘酷的生存競爭中，很容易理解演化如何選擇更大的翅膀、更長的腿、更敏銳的視力等等。但身體——生命的硬體——只是故事的一半。與身體同樣重要的另一部分——事實上是更加重要的，是資訊的變化模式、命令和控制系統，它們構成了生命的軟體。演化對生物軟體的作用，就如同對硬體的作用；由於資訊是看不見的，所以我們不容易注意到它。我們也沒有注意到分流和處理所有資訊的微型惡魔，但它們近乎完美的熱力學表

現，是數十億年演化完善的結果。[2]

這與電腦業有類似之處。三十年前，個人電腦處理速度緩慢又攜帶不便。滑鼠、彩色螢幕和小型電池等創新，使得電腦變得更有效率和便捷，因此銷量爆增。於是資本主義版本的天擇導致了電腦數量的大幅成長。但除了硬體創新之外，電腦軟體取得了更令人矚目的進步。例如 Photoshop 或 PowerPoint 的早期版本，與目前版本相比簡直無法相提並論。最重要的是，電腦的速度大幅提升，成本卻大幅下降。軟體改進對產品成功的貢獻至少與硬體改進一樣大。

達爾文理論發表後的一個世紀，生命的資訊故事才進入演化的論述。如今，生物資訊領域已成為一個龐大而複雜的產業，累積了驚人的數據量，也充斥著誇大其詞的言論。在國際社會的共同努力下，第一個完整的人類基因組序列在 2003 年公佈，此事被譽為改變了生物學、尤其是醫學領域的重大事件。儘管這項里程碑帶來的成就重要性不容小覷，但人們很快就發現，擁有完整的基因組細節還遠遠不足以「解釋生命」。

當達爾文的演化論在 20 世紀中期與遺傳學和分子生物學結合，形成所謂的「現代演化綜論」（modern synthesis），這個故事看起來似乎簡單到令人誤解。DNA 是一個實體的物體；複製它一定會產生隨機的錯誤，因此提供了天擇可以運作其中的基因變異機制。一旦列出基因及其編碼的蛋白質功能清單，其餘的就只是細節了。

大約二十年前，這種簡單的演化觀點開始站不住腳。從一份

蛋白質清單到功能性的三維構造的道路非常漫長，而且如果沒有「組裝說明」，基因組計畫提供的蛋白質「零件清單」就毫無用處。即使在今天，也沒有人能夠根據基因組序列，預測生物體的實際樣子，更不用說基因組序列的隨機變化會如何轉化為表現型的變化。

基因只有當它們被表達（即被打開）時才會產生影響，而真正的生物資訊故事就是從這裡開始的，也就是基因控制和管理的領域。這一個新興學科被稱為表觀遺傳學，它比孤立的遺傳學更豐富和微妙。越來越多驅動生物資訊模式和資訊流組織的表觀遺傳因素被發現。現在，達爾文主義正在進一步完善和擴展，我將其稱為「達爾文主義 2.0」，它為生物學中資訊的力量提供了全新的視角，並引發了演化論的重大修正。

電氣怪

「遺傳不僅僅與基因有關。」
　　　　　　　　　　　　　　——雅布隆卡（Eva Jablonka）[3]

「來自太空！雙頭扁蟲震驚了科學家！」[4]2017 年 6 月，英國一份網路刊物如此宣稱。這篇文章的主題是國際太空站中出現的怪物，也難免提到了「困惑的科學家」。怪物並沒有入侵太空站；牠們的出現是為了進行一項實驗，該實驗旨在觀察低等扁蟲

在被砍掉頭部和尾部後，如何進入軌道。事實證明，牠們應付得很好。到頭來，每十五隻中就有一隻長出了兩顆頭，取代了原本失去的那顆。[5]

太空扁蟲只是表觀遺傳學領域蓬勃發展的一個相當戲劇性的例子。廣義來說，表觀遺傳學是研究生物體基因之外的形態決定因素（見 BOX 9）。這種雙頭蟲從基因上與牠們更常見的近親完全相同，但看起來就像是不同的物種。事實上，雙頭扁蟲會繁殖，並生出更多的雙頭扁蟲，難怪科學家感到困惑不已。發現這個案例的首席科學家是塔夫茨大學的萊文，他恰好是我們在亞利桑那州立大學研究小組的合作者。

為了將扁蟲放進本文的脈絡中，請回想一下上一章中的胚胎發育（形態發生），儘管實際機制令人費解，但它仍是一個生動的例子，說明了資訊的力量如何控制和塑造生物體的形態。那時我的解釋是，構建和操作生物體所需的資訊，在很大程度上取決於系統打開或關閉基因的能力，以及在遺傳指令轉譯後影響蛋白質的能力。目前我們仍然不太清楚這種透過化學途徑調節資訊流的規則，其中牽涉到甲基、組織蛋白的尾巴和小分子 RNA 等分子（見 BOX 9），以及將這種基因轉換組合、與大量不斷變化的化學模式結合起來的規則。因此，表觀遺傳學開啟了更廣大的組合方式和一個充滿可能性的世界。我提到過，有種稱為形態發生素的特殊分子，它的擴散方式在控制發育的動態過程中發揮了重要作用；但事實證明，這只是故事的一部分。在過去的幾年裡，人們已經清楚地認識到，另一種物理機制在形態發生中可能發揮

BOX 9
超越基因

在生物體的整個生命過程中，基因會根據需要打開或關閉。有很多方法可以使基因靜默，一種常見的方法是甲基化。在這個方法中，甲基的小分子附著在某個基因中的字母C上，並從物理上阻止基因的讀出機制。另一個是 RNAi，這是只有二十幾個字母長的微小 RNA 片段，是植物學家在嘗試培育更美麗的花朵時偶然發現的。在這種機制中，基因照常從 DNA 中讀出，但是 RNAi（i 代表干擾〔interference〕）在 mRNA 忙於將讀出的數據送到核醣體時，出手搶劫它並將其切成兩半，然後（有點殘忍地）丟棄訊息。在複雜的生物體中，基因也可能會因被埋在染色質高度壓縮的區域，而被抑制。

除了基因轉換之外，還有其他幾個變數在起作用。表達的基因可能會產生某種蛋白質，該蛋白質隨後會以某種方式被修改。例如，組織蛋白會聚集成小小的溜溜球結構，稱為核小體，DNA 將自己纏繞在核小體周圍（見第 125 頁）。一個人類的染色體可能包含數十萬個核小體。溜溜球不僅是結構元素，也與基因調控有關。多種小分子可以附著在組織蛋白上，形成尾巴；有證據顯示，這些分子標籤本身形成了一種代碼。此外，DNA 上核小體之間的間距既不規則也不隨

機，而且定位模式本身似乎就包含了重要資訊。所有這些變數都非常複雜，其細節仍未完全瞭解，但很明顯的是，蛋白質製造後所做的修改，是細胞資訊管理系統中的重要調節元素。更複雜的是，「基因」不一定是連續的 DNA 片段，可能是由幾段組成的。因此，必須切割並拼接 mRNA 再讀出，才能正確組裝各個組件。在某些情況下存在多個拼接，這意味著單段 DNA 可以同時編碼好幾種蛋白質；表達哪一種蛋白質取決於拼接操作的具體情況，而拼接操作本身又由其他基因和蛋白質管理，諸如此類……

或許，最大的多樣性來自於這個事實：至少在像動物和植物這樣的複雜生物體中，絕大多數的 DNA 並不是由可以編碼蛋白質的基因組成，DNA 中這片「黑暗地帶」的用途，我們仍不清楚。長期以來，這些非編碼 DNA 片段因為沒有任何生物學功能，而被視為垃圾。但越來越多的證據顯示，許多「垃圾」在其他類型分子的製造中，發揮著至關重要的作用，例如產生調節一系列細胞功能的短鏈 RNA。細胞開始看起來像是個複雜的無底洞。所有這些不存在於實際基因上的因果因素的發現，都是表觀遺傳學領域的一部分。就生物形態和功能而言，表觀遺傳學似乎與遺傳學同樣重要。

更重要的作用。它被稱為電轉導（electro-transduction），與電力引起的生物體形態變化有關。

事實證明，電確實是一種生命力。與科學怪人的故事有點相似，但並不完全像瑪麗‧雪萊所想像的那樣，或更確切地說，不像好萊塢電影版本中的故事。大多數的細胞都帶著少量電荷。它們透過將帶正電的離子（主要是質子和鈉）從細胞內泵送到細胞外，穿過包覆細胞的膜，產生淨負電荷，來維持這種狀態。細胞膜之間的典型電位差在 40 至 80 毫伏（mV）之間。雖然這個電壓看起來不高，但由於膜非常薄，所以這個小的電壓梯度代表了一個巨大的局部電場，比雷暴期間地球表面附近的電場還要大。而且細胞電場實際上是可以測量的；透過使用具電壓敏感性的螢光染料，研究人員可以製作出場模式的畫面。

在塔夫茨大學的一系列精采實驗中，太空扁蟲研究者萊文證明，生物在發育過程中的電模式對於塑造其最終身體形態具有重要意義。在身體的龐大面積中，電壓的變化充當了「預先模式」，像是一種看不見的幾何支架，卻可以驅動下游的基因表達，從而影響發育路徑。透過操縱選定細胞之間的電位差，萊文可以擾亂發育過程並創造出怪物，例如有額外的腿和眼睛的青蛙、尾巴長成了頭的扁蟲等等。*

有一系列針對非洲爪蟾（*Xenopus*）的蝌蚪實驗。正常的青蛙胚胎在頭部中央的一部分細胞開始產生黑色素時，就會形成一種

---

* 原注：儘管電是關鍵，但這裡的形態發生場並不是一般意義上延伸至整個發育組織的電場。更精確地說，它是一個細胞極化的場。「極化」是用來描述細胞膜之間電壓差的術語。如果電壓驟降在不同細胞和不同地點有所不同，則可以說在整個發育組織中存在一個極化場。物理學家會認識到，極化是一種純量場，而電場是向量場。

特殊的色素模式。萊文用伊維菌素治療蝌蚪，伊維菌素是一種常見的抗寄生蟲藥物，可以透過改變細胞與周圍環境之間的離子流動，來使細胞的電位去極化。改變所謂指導細胞（instructor cell）的電特性產生了重大的影響，導致色素細胞瘋狂生長，像癌症一樣擴散到胚胎的遠處。一隻完全正常的蝌蚪會在沒有任何致癌物或突變的情況下，僅由於電干擾而患上了轉移性黑色素瘤。腫瘤可能純粹由表觀遺傳引發，這與「癌症是基因損傷結果」的流行觀點產生矛盾，我將在本章後面討論這個問題。

這一切已經夠引人注目的了，但更大的驚喜還在後頭。在塔夫茨大學由亞當（Dany Adams）設計的另一項實驗中，配備了延時攝影機的顯微鏡拍攝了非洲爪蟾胚胎發育過程中電場變化的影片。影片所展現的景象十分壯觀，一開始是一波增強的電位極化，在大約十五分鐘內席捲整個胚胎。然後，隨著胚胎結構重組，各種超極化和去極化的斑塊和斑點出現，並被包裹起來。高度極化的區域標記出了未來的嘴、鼻子、耳朵、眼睛和喉嚨。透過改變這些電場的模式並追蹤隨之而來的基因表現和臉部模式如何改變，研究人員得出結論：電場模式預示著在發育後期出現的結構，其中最引人注目的是未來青蛙的臉部結構。電場模式變化似乎能夠指導形態發生，透過某種方式儲存有關三維最終形態的資訊，使胚胎遠處的區域能夠進行交流，並就大規模的生長和形態做出決策。

胚胎發育是生物形態發生的典型例子。另一個例子是再生：有些動物就算因為某些原因失去了尾巴，甚至整個肢體，還可以

重新長出來。果然,這個故事也與電有關。萊文選擇的實驗生物是一種稱為渦蟲的扁蟲(就是那種「太空扁蟲」)。這些微小的動物一端有頭,頭上有眼睛和大腦,另一端有尾巴。渦蟲很受老師們的喜愛,因為如果把牠們砍成兩半,牠們也不會死。正如萊文寫道:

> 後半部的傷口會長出新的頭部,前半部的傷口會長出尾巴。細胞形成了兩個完全不同的結構,但在切割發生之前,細胞共享著局部環境的各個面向。因此,目前仍然不太清楚,遠端訊號如何讓傷口細胞知道它們位於何處、傷口朝向哪個方向,以及斷片中還有哪些結構存在而不需要更換。[6]

萊文發現,整個切割斷片上都有獨特的電場模式,就像傷口周圍一樣。萊文使用了庚醇和辛醇兩種藥物,這兩種藥物聽起來像火箭燃料,但卻能干擾細胞之間進行電通信的能力,從而改變控制傷口周圍組織用來確定自己身分的生物電活動。透過這種方式,他能讓被砍下的頭長出另一個頭而不是尾巴,從而創造出一條沒有尾巴的雙頭扁蟲(見圖 12)。同樣地,他可以製造出沒有頭的雙尾扁蟲,甚至可以製造出有四個頭或四條尾巴的扁蟲。最令人詫異的是,如果實驗者砍掉一條雙頭蟲的一顆多餘的異常頭,你或許會預期這能讓扁蟲不再渴望擁有雙頭,但實驗證明如果將扁蟲的剩餘部分切成兩半,就會產生新的雙頭扁蟲!這是表觀遺傳發揮作用的顯著例子(見 BOX 10)。關鍵在於,所有這些

怪物扁蟲都具有相同的 DNA 序列,但表現型卻截然不同。來自火星的訪客肯定會根據牠們的形態,將牠們分類為不同的物種。然而不知何故,生物體的物理特性(在這種情況下,是電路的穩定狀態)會將改變的形態訊息,從一代傳遞到下一代。

這就引出了兩個重要的問題:這些生物的形態訊息儲存在哪裡?又是如何傳遞給下一個世代的?顯然,不同型態的訊息並不存在於相同的基因中。單獨的 DNA 並不能直接編碼生物的形狀

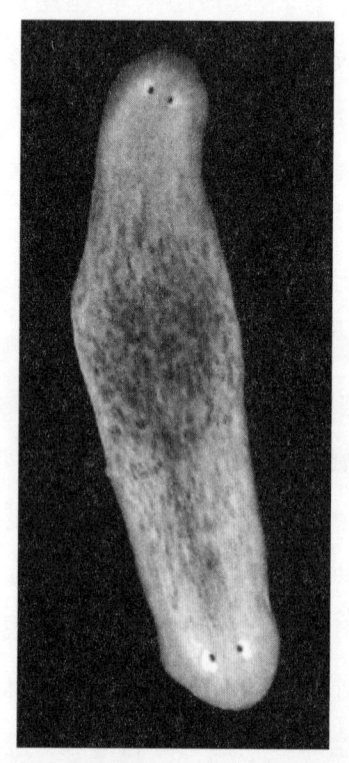

圖 12:塔夫茨大學的萊文利用操縱極性所創造的雙頭扁蟲
儘管與正常的單頭扁蟲具有相同的 DNA,這種扁蟲卻好像是不同物種一樣,在被分成兩半後,會繁殖出其他的雙頭扁蟲。

（解剖構造的佈局方式），或是決定在發生損傷時修復該形狀的規則。組織如何知道要繼續重建，比如重建扁蟲的頭部，並在重建到正確尺寸時停止？標準的化約論解釋是將生物體的再生能力歸因於一組遺傳的基因指令，類似「如果你被砍成兩半要做什麼：如果你失去了尾巴，那就長出一個頭」等等。但是，鑑於雙頭扁蟲與正常扁蟲擁有相同的基因組，那麼，一條新分裂的雙頭扁蟲如何違背「長出尾巴」的正常程序，讓暴露的殘端「長出頭部」呢？究竟是什麼樣的表觀遺傳機制，能夠被瞬間的電位變化調整，並在萊文的火箭燃料被移除之後保持原樣，一代又一代的產生怪物？

　　這裡最大的問題不是弄清楚蛋白質在哪裡，而是整個系統如何在比任何單一細胞大得多的尺度下，處理有關尺寸、形狀和拓樸結構的資訊。我們需要的是由上而下的視野，專注於資訊流和用來編碼大型而複雜結構形狀的機制。但到目前為止，我們仍不清楚該程式碼或傳達建造和修復指令的信號性質。一種解決方法是想像有某種「資訊場」滲透到有機體中，在萊文和他的合作者對其進行摻雜之後，資訊以某種方式嵌入了關於這個潛在怪物的大範圍屬性的細節，包括牠的三維形態。但具體如何實現，誰也說不準。按照萊文的表達方式，存在一種預先存在的「目標形態」，引導著各種形狀調節信號，並通過化學、電氣和機械過程的協同作用，進行儲存、解釋和執行：

　　「目標形態」是系統受到干擾後發展或再生的穩定模式。儘

管其機制尚不明確，但當精確地重建正確尺寸的結構時，再生就會停止；這顯示，局部的生長情形與主體的尺寸和尺度是協調的。[7]

　　瞭解生物複雜形態的生長具有重大的醫學意義，遍及出生缺陷到癌症。如果這些形態至少有部分是由電模式傳遞，或者實際上是由我們可以學會並重寫的任何編碼傳遞（並讓細胞按照規範構建），那麼就有導正和控制病理狀態的空間。再生醫學的目標就是重新長出受損的組織，甚至整個器官。事實上，人類的肝臟在手術切除後會重新長回正常尺寸。同樣的，它如何知道最終的形狀和大小這點，仍然令人費解。如果類似的再生能力可以擴展到神經、顱顏組織甚至四肢，其應用前景將是驚人的。但要實現這些目標，需要更好地理解生命系統是具有凝聚力的運算實體，能夠儲存和處理有關其形狀和環境的資訊。最重要的是，我們需要找到它的訊息模式，包括電、化學和遺傳等，瞭解它們如何相互作用並轉化為特定的表現型。

　　電轉導只是物理力如何影響基因表現的例子。作用於整個細胞的機械壓力或剪應力有時也會改變細胞的物理特性或行為。一個眾所周知的例子就是接觸抑制：如果得到良好的照顧並獲得營養，培養皿中的細胞會愉快地分裂；但如果細胞陷入幽閉恐懼中，例如當菌落碰到邊界，而且群體變得過度擁擠時，分裂就會停止。癌細胞會關閉接觸抑制；當它們離開原發腫瘤，並擴散到全身時，它們的形狀和硬度也會發生劇烈的變化。另一個例子

是將幹細胞放置在堅硬的表面附近時，它會表達與嵌入軟組織時不同的基因，從而影響其分化而成的細胞類型，這種現象對胚胎發育顯然具有重要意義。癌症研究界有句流行語：「細胞接觸的東西會決定其行為。」這類現象背後的機制稱為**機械轉導**（mechanotransduction），即外部**機械訊號**（一種強烈的物理力量）會**轉換為基因表現變化以作為回應**。[8]

雙頭太空扁蟲為零重力條件下的機械傳導提供了驚人的例子。另一個太空奇蹟來自我自己的大學，亞利桑那州立大學的尼克森（Cheryl Nickerson）的實驗。她一直與美國太空總署合作，研究微生物進入地球軌道時基因表現的變化。即使是不起眼的沙門氏菌也能感知到自己漂浮在太空中，並據此改變其基因表現。[9] 這項發現對太空人的健康有顯著的意義，因為在地球上能被控制的惡性細菌可能會在太空中讓人生病。與此相關的另一項事實是，人類體內通常攜帶約一兆個微生物，其中許多是在腸道中，形成所謂的微生物群；這對人類健康起著重要作用。如果長期處於零重力或低重力條件下導致微生物群的基因表現發生變化，則可能成為長期太空飛行的嚴重障礙。[10]

讓我再提幾個更有趣的發現來結束這一小節：蠑螈因其可以再生整個肢體的再生能力而聞名。事實上，如果失去的那條腿上有惡性腫瘤，新長出的那條腿上並不會有腫瘤。顯然，殘肢中以某種方式編碼的肢體形態，被重新編程以形成健康的腿。這違反了癌症的傳統觀點：傳統觀點認為，快速的細胞增殖（肢體再生的特徵）會帶來癌症風險（癌症也被稱為「永遠無法癒合的傷口」）。

BOX 10
表觀遺傳

　　就像諺語中身兼農活的農夫妻子一樣，德國演化生物學家魏斯曼（August Weismann）剪掉了好幾代老鼠的尾巴，但他從未成功培育出無尾老鼠——這對拉馬克的獲得性遺傳（acquired characteristics）演化論帶來打擊。然而，近期的表觀遺傳學研究的熱潮描繪出了一幅更微妙的景像。在體內，細胞分裂時，細胞的類型會被保留：例如，如果一個肝細胞自我複製，它就會產生兩個肝細胞，而不是一個肝細胞和一個皮膚細胞。因此，決定基因表現（「你應該成為肝細胞」）的表觀遺傳標記（例如甲基化模式）將傳遞給子細胞。但是，將整個生物體的表觀遺傳變化從一代傳到下一代（例如從母親傳給兒子），又是如何進行呢？那是一件非常不同的事；一旦發生，就會對達爾文演化論的基礎造成衝擊。生物體體內的改變不應該有任何機制進入其生殖細胞（精子和卵子），並影響其後代。然而，世代間的表觀遺傳的證據早已擺在生物學家面前。當一頭公驢與一頭母馬雜交後，會生出一頭（不孕的）騾子；如果母驢與公馬雜交，生出來的就是驢駒。騾子和驢駒在基因上相同，但外觀卻天差地別：它們在表觀遺傳上截然不同，因此它們必定攜帶取決於父母性別的表觀遺傳決定因素。人們也發現其他例子指出了來自父母的基因被

印上了表觀遺傳的分子標記，這些標記能夠進入生殖細胞並在生殖過程中存活下來。此外，植物學家知道許多案例，植物生命過程中累積的表觀遺傳變化會傳遞給下一代。即使在人類中，一些研究也發現了類似的跡象。其中一個項目與荷蘭家庭有關，他們在二戰期間，因盟軍進攻時受到忽略而無法獲得食物，幾乎餓死。倖存者的孩子出生時體重低於平均水平，而且身高終其一生都低於平均。更令人吃驚的是，他們的孩子體格似乎也比較小。

那麼表觀遺傳基因組到底在哪裡？基因是細胞內具有明確位置的實體物體：特定的基因位於 DNA 上的某個位置。你可以用顯微鏡看到它們。然而，在表觀遺傳學中，並不存在物理意義上的「表觀基因組」，也沒有某個明確定義的物體位於細胞特定位置。表觀遺傳訊息的處理和控制範圍分布在整個細胞內（也許還超出了細胞的範圍）。它是全面的，而不是局部的，就像上一章提到的馮・諾伊曼的監督單元一樣。

事實上，目前許多研究已經證明，胚胎具有馴服惡性癌細胞的能力。另一個奇怪的現象是鹿角，它每年都會脫落並重新長出。對於某些種類的鹿來說，如果在鹿角上切開一個缺口，明年重新長出的鹿角會在相同位置長出一個異位分支（分叉）。[*] 人們不禁要

---

[*] 原注：目前尚未進行測試來驗證小鹿是否會遺傳這個缺口。

問，鹿體內的「缺口資訊」儲存在哪裡呢？顯然不是在鹿角裡，因為鹿角會掉下來。在頭裡？鹿的頭如何知道鹿角在半公尺遠的地方有一個缺口？頭皮上的細胞如何儲存分支結構的地圖，以準確記錄缺口出現的位置？超詭異的！？表觀遺傳是生命的神奇拼圖盒中最令人費解的魔法。

與拉馬克主義調情

「機會總是青睞那些準備好的基因組。」
——卡波拉利（Lynn Caporale）[11]

在達爾文發表《物種原始》（On the Origin of Species）的數十年以前，一位法國生物學家發表了截然不同的演化論。他的名字是拉馬克（Jean-Baptiste Lamarck）。拉馬克演化論的核心是生物體在其一生中獲得的特徵可以被後代繼承。因此，如果某個動物為生存進行不斷的奮鬥（試圖跑得更快、爬得更高……），牠的後代就會繼承這種略微的改良（跑得更快一些、長得更高一些）。如果這個理論是正確的，將提供一種可以快節奏、有目的的實現改善的變革機制。我母親常說，做家事時她確實需要另一雙手。想像一下，如果她有這種需要，她的孩子一出生就會有四隻手臂！相較之下，達爾文的理論認為突變的變化是盲目的；突變特徵與攜帶它們的生物體的環境或要求沒有任何關聯。如果一種罕見的突變能

帶來優勢，那純粹是好運而已。沒有方向性的進步，也沒有系統性的內在改良機制。

如果大自然能夠像拉馬克所設想的那樣，設計出適當的突變來幫助演化，那麼演化肯定會更快、更有效率。然而，生物學家很久以前就否定了這個想法，認為那太像是上帝的引導之手，而更願意將隨機的機會當作變異的唯一解釋，幾十年來情況都是如此。然而，現在人們開始產生懷疑了。萊文的怪物扁蟲無疑是特徵獲得性遺傳的明顯例子——在這個例子中，是透過實驗獲得的，但還有很多其他的例子。那麼，現在是放棄達爾文主義、接受拉馬克主義的時候了嗎？

沒有人能否認，天擇鼓勵適者生存。生物存在變異，大自然會選擇較能適應環境的生物。但總是有一些令人煩惱的隱憂。如果說大自然只能利用其現有的變異發揮作用，那麼其中一個根本問題是，這些變異是如何產生的？也許是適者生存，但正如荷蘭植物學家德‧弗里斯（Hugo de Vries）在一個世紀前所說的，那適者是如何出現的呢？在生物學領域，具有深遠影響的重大創新比比皆是，例如光合作用、脊椎動物的骨骼、鳥類飛行、昆蟲授粉、神經訊號傳導等等。生命如何產生如此多巧妙的解決方案來解決生存問題？這是當今人們熱切研究的課題。[12] 如果某件事進展順利，隨機的改變可能會讓它變得更糟，而不是更好。即使在三十億或四十億年期間，出現了這麼多有組織的複雜性，例如眼睛、大腦、光合作用——這有可能只靠隨機變異和天擇而產生嗎？[13]

多年來，許多科學家對此一直表示懷疑。量子物理學家、與薛丁格同時代的包立（Wolfgang Pauli）寫道：「一個簡單的機率模型不足以產生我們所看到的奇妙多樣性。」[14] 甚至傑出的生物學家也表達了懷疑，多布贊斯基寫道：「對現代演化論最嚴厲的反對意見是，既然突變『偶然』發生、且沒有方向性的，那就很難理解突變和天擇如何能夠形成如此完美平衡的器官，例如人類的眼睛。」[15] 如果拉馬克演化論的一些痕跡能夠發揮作用，那麼就有很多問題會消失。

1988年，一群哈佛大學生物學家聲稱，他們見證了適者出現的明顯例子。由凱恩斯（John Cairns）領導的研究小組提出了具有挑釁性的主張：「細胞可能具有選擇發生哪些突變的機制。」[16] **選擇**？該聲明發表在《自然》上，而且來自一家備受尊敬的實驗室，引起了人們的震驚。具體的情況是這樣的：當大腸桿菌缺乏葡萄糖（正如我之前所說明的，葡萄糖是它們喜歡的食物）時，其中一些細菌會發生突變，使它們能夠代謝味道不那麼好的乳糖（見第122頁）。就其本身而言，只要所述突變是偶然發生的，並不會對正統的達爾文主義構成威脅。但當哈佛大學的研究小組計算出這種可能性有多大時，他們得出結論，他們的細菌具有驚人的成功率，遠遠超過了原始機率。研究人員想知道的是「單一細胞的基因組能否從經驗中獲益？」[17]，就如拉馬克所提出的見解。他們暗示，答案可能是肯定的，而且他們正在處理的是一個「針對有用目標、有方向性的」的突變案例。

針對這項爭議，凱恩斯做了一些後續實驗，並收回了該說

法中較為聳人聽聞的部分。但是魔鬼已經出籠,而他和其他團隊隨後也進行了一系列實驗,讓許多大腸桿菌承受葡萄糖缺乏的痛苦。當塵埃落定時,這就是出現的情況。突變不是隨機的:這一部分是正確的。細菌具有突變熱點——特定基因的突變速度比平均速度快數十萬倍。如果這有利於細菌產生多樣性,那麼這將非常方便。一個典型的例子是,當它們入侵哺乳動物時,必須與宿主的免疫系統作戰。細菌具有可辨識的表面特徵,其作用有點像士兵的制服。宿主的免疫系統會根據病原體外殼的細部,來辨識病原體。因此,能夠持續改變制服的細菌顯然具有生存優勢,所以「均勻基因」(uniform genes)具有高度變異性,這符合達爾文理論。為了應對這類的情況,細菌演化出了某些比其他基因更容易變異的「應急基因」(contingency genes),意味著這些基因發生突變的可能性更大。然而,在這種應急情況下,這仍然是一個碰運氣的事情。沒有證據顯示,細菌會像凱恩斯最初暗示的那樣「選擇」特定的突變。

　　一個更引人注目的例子是,細菌可以選擇性地開啟正確的基因,升高突變率,以使其擺脫困境。蒙大拿大學的賴特(Barbara Wright)研究了可憐的大腸桿菌的突變體,這些突變體含有一個有缺陷的基因,該基因負責編碼一種特定的氨基酸。[18]你和我通常是從食物中獲取氨基酸,但如果我們挨餓,細胞也可以自己製造氨基酸,細菌也一樣。賴特想知道的是,帶有缺陷氨基酸基因的飢餓細菌會如何反應。當細菌接收到「現在需要氨基酸!」的訊號,但是有缺陷的基因卻產生了錯誤的版本,細菌會以某種

方式感知到這種危險,並提高該特定基因的突變率。大多數突變都會使情況變得更糟。但是在一群飢餓的細菌中,很可能會出現其中一個細菌很幸運地發生正確的突變來修復缺陷,於是這個細菌就能拯救一切。它相當於細菌基於需要而長出了另一雙手。這種偏差突變的術語正是「適應性」,因為它使生物體更好地適應環境。

羅森伯格(Susan Rosenberg)是長期研究適應性突變的先驅,目前就職於德州休士頓貝勒醫學院。羅森伯格和她的同事也開始探討飢餓的細菌如何透過變異,不可思議地找到烹調新物質維生的方法。他們專注於修復DNA雙股斷裂的方式──這是一項永無止境的工作,只有這樣細胞才能照常運作。[19] 有多種方法可以修復斷裂的DNA,有些方法品質很高,有些則品質較差。羅森伯格發現,飢餓的細菌可以從高度還原的修復過程,轉變為草率的修復過程。這樣做會在斷裂處兩側造成一道破壞痕跡,範圍可達六萬個鹼基、甚至更多:這是一個自我破壞的孤島。羅森伯格隨後確定了組織和控制這一過程的基因。事實證明,它們非常古老;顯然,故意破壞DNA修復過程是一種基本的生存機制,可以追溯到生物學歷史的迷霧之中。透過這種方式,細菌群落能產生突變體群體,提高至少一個子細胞意外找到正確解決方案的機會。天擇會完成剩下的篩選工作──實際上,承受壓力的細菌透過匆忙產生基因組創造多樣性,來實現自身的高速演化。

羅森伯格的實驗是否暗示,這些狡猾的細菌也能產生比偶然

更「正確」的突變，就像凱因斯最初暗示的那樣？適者是否能以先見之明的效率「抵達目標」？這不是一個簡單的「是」或「否」的問題。事實上，細胞在突變時不會亂槍打鳥：高出正常水平的突變並不會均勻分布在基因組中。然而，羅森伯格證實，某些受到偏愛的熱點確實存在，這些熱點比「偶然突變」更有可能容納擺脫困境所需的基因。但與賴特發現的高度集中機制（該機制針對的是表達不佳的特定缺陷基因）不同，羅森伯格的突變會毫無選擇性地影響熱點區域中的所有基因，無論它們是在努力產生蛋白質，還是只是處於閒置狀態。從這個意義上來說，它是一種更基本，但也更通用的機制。

這裡有一個類比。想像一下，你被困在一座燃燒的建築物內。你猜想，某個地方可能有一扇能打開的窗戶，讓你得以逃脫，但是哪一扇呢？這裡可能有幾十扇窗戶。真正聰明的人會提前想出火災逃生程序，以防萬一，但你沒有。那麼下一步最明智的做法是什麼？當然是逐一嘗試每一扇窗戶。在沒有其他資訊的情況下，隨機抽樣與其他方式一樣好。真正愚蠢的做法，是完全隨機地四處亂竄，也許躲進櫃子，或是躲到床底下。有針對性的隨機性比完全的隨機性更有效。其實，細菌並不是超級聰明，但也不是真的很笨：它們會把機會集中在最有可能帶來好處的地方。

這些突變魔法是如何發生的？回想起來並不令人驚訝。顯然，如果某些突變所涉及的機制靈活、且機制自身就能夠演化，那麼它的演化將會進行得更好——這通常被稱為具演化性的演

化。很久很久以前，保留了以演化擺脫困境的能力，會使該細胞佔有優勢。擁有這種在條件需要時啟動、情況好轉時關閉的促進演化機制是一件好事。對壓力*的適應性反應幾乎肯定是一種古老的機制（實際上是一組涉及從隨機到集中定向等一系列過程的機制），它是為良好的生物學目的而演化的。生物學家雅布隆卡將適應性突變描述為一種「知情搜尋」，她總結道：「細胞找到突變解決方案的機會之所以增加，是因為細胞在演化過程中構建了一個系統，可以提供有關在何時何地產生突變的聰明提示。」[20] 重要的是要理解，這不是在證明達爾文主義是假的，而是對它的詳細闡述。這是達爾文主義的 2.0 版。生物化學家卡波拉利寫道：「否認『完全隨機的遺傳變異是基因組演化的基礎』，並不是對達爾文和華萊士天擇理論的駁斥，而是為這一理論提供了更深刻的理解。」[21] 這些最近出現的、具有拉馬克主義風格的實驗精髓，就在於大自然不僅選擇最適合的生物，也選擇最適合的**生存策略**。

上述想法說明了生物體如何利用過去的資訊規劃未來。這些資訊既是長期遺傳下來的（例如在第 165 頁討論過的應急基因），也是從上一代透過表觀遺傳保留下的。因此，生命可以被描述為一條向上爬升的訊息學習曲線。生物體不必在每一代都反覆試驗並做無意義的行為，而是可以從過去的生活經驗中獲益。這種進步的**趨勢**，與熱力學第二定律講述的退化和衰敗形成了鮮明的對比。

---

* 原注：這裡以及本章後面的「壓力」一詞當然不是指精神狀態，而是指細胞或生物體受到某種威脅或挑戰的情況，例如飢餓或受傷。

基因裡的惡魔

儘管適應性突變令人詫異，但它們仍然意味著，基因組是隨機造成的外部打擊或失誤的被動受害者，儘管這些打擊或失誤的機率是被操控的；這仍然是一個充滿風險的事。但假設有問題的細胞根本不需要依賴外力來造成突變呢？如果它們可以**主動操控自己的基因組**會怎麼樣？

事實上，很明顯地，它們確實會這麼做。有性生殖包含幾次基因重組，有些是隨機的，有些是在監督下的。重組的方法很多，每種都需要細胞以精心安排的方式混合自己的 DNA。有性生殖並不是唯一的例子。修正 DNA 複製過程中發生的錯誤，需要另一組基因組的管理作業。大多數對 DNA 造成的原始損傷（例如由輻射或熱破壞造成的損傷）都不會遺傳給子細胞，因為它會在複製前先被修復。如果沒有細胞內部的高科技校對、編輯和糾錯，人類 DNA 將遭受突變毀滅性的損傷，估計每一代的總體複製錯誤率為 1%；由於這個內部機制，淨突變率降低到不可思議的百億分之一。因此，細胞能夠高度監控並主動編輯自己的基因組，以維持現狀。

但現在我們遇到一個有趣的問題：細胞能否主動編輯其基因組來改變現狀？在凱恩斯和羅森伯格研究工作的幾十年前，傑出的植物學家和細胞生物學家麥克林托克（Barbara McClintock）透過一系列卓越的實驗研究了這個問題。從 1920 年代的學生時期開始，她就開始對玉米植株進行實驗，並確定了許多我們今天所知

的染色體結構和組織的基本特性,並因此獲得了諾貝爾生醫獎,成為第一位單獨獲得該獎項的女性。透過一台普通的顯微鏡,麥克林托克觀察到玉米植株的染色體在受到 X 光照射時發生的情況。她的報告引起了軒然大波,並招致非常多的懷疑,以致於她在 1953 年決定停止發表她的研究數據。沒有爭議的是,她觀察到染色體在受到輻射時會斷裂成碎片——但令人驚訝的是,碎片可以重新組合在一起,而且通常有新穎的排列方式。原先的矮胖子打碎後可以重新組裝成巴洛克風格。染色體重組看似致命,事實也往往如此。但這並非絕對:在某些情況下,突變植物會繼續複製其被嚴重改變的基因組。至關重要的是,麥克林托克發現,大範圍的突變根本不是隨機的;看起來更像是玉米細胞為其基因組被破壞的那天,預先制定了應急計畫。更令人讚嘆的是,如果植物受到壓力,例如受到感染或機械損傷,即使沒有 X 射線的干擾,也可能會發生自發性染色體斷裂;在染色體複製後,斷裂的末端會重新連接。1948 年,麥克林托克有了最令人震驚的發現。染色體片段可以轉座(transposed)——也就是在基因組上交換位置;這種現象通常被稱為「跳躍基因」。在玉米植株中,這產生了馬賽克般的彩色圖案。

如今,基因組轉座被公認為在演化過程中廣泛存在的現象。據估計,多達一半的人類基因組都經歷過這樣的基因重組。癌症研究人員對轉座也非常熟悉。一個被廣泛研究的例子是導致人類白血病的費城染色體(以其發現地命名);這與一段 9 號染色體換成一段 22 號染色體有關。在晚期的癌症中,染色體會變得非常

紊亂以致幾乎無法辨認,並發生全面重組;整個染色體會重複,獨立片段會取代健康細胞中的有序排列。還有一種極端情況稱為染色體碎裂,其中染色體分解成數千個碎片,並重新排列成雜亂無章的怪物。

儘管人們勉強承認麥克林托克是對的,但她的研究結果仍然令人不安,因為它們意味著細胞可以成為自身基因組改變的活性劑。她自己顯然也是這麼想的。在她因「發現可動遺傳因子」而獲得諾貝爾獎之際,她曾說過這樣的話:

> 這樣的結論似乎是不可避免的:細胞能夠感知細胞核中染色體末端斷裂的存在,然後啟動一種機制,將這些染色體連接,並重新結合在一起……細胞如何能夠感知這些斷裂的末端,如何將它們導向彼此,然後將它們結合在一起,從而使兩條 DNA 鏈的結合處於正確的方向——這種種能力特別能夠說明細胞對內在發生的一切事情的敏感性……未來的目標是確定細胞對自身的瞭解程度,以及在受到挑戰時如何以「周延思考」的方式利用這些知識……例如監測基因組活動並糾正常見錯誤,感知不尋常和非預期事件並對其做出反應,通常會透過重組基因組來做出反應。我們瞭解可用於此類重組的基因組組成部分,但我們對於細胞如何感知危險,並引發通常非常顯著的反應,卻一無所知。[22]

事實證明,轉座子和可動遺傳因子只是冰山一角。在面臨挑

戰時，細胞有很多方法可以「重寫」基因組，就像電腦程式可以消除錯誤或升級以執行新任務一樣。夏皮羅曾是麥克林托克年輕時的合作夥伴，他對其中的機制進行了全面的研究。其中之一稱為反轉錄，透過這種轉錄方式，通常從 DNA 轉錄序列的 RNA，有時能夠將自己的序列寫回 DNA 中。由於 RNA 序列在轉錄 DNA 訊息後可以透過多種機制修改，反轉錄為細胞透過 RNA 修改而改變自身 DNA 的能力建立了基礎。有一種已經被詳細研究的特定反轉錄基因是 BC1 RNA，它在齧齒動物的神經系統中相當重要。[23]

現在人們認識到，反轉錄的各種過程在演化中發揮了重要作用，例如，這可能解釋了人類和黑猩猩之間大部分的遺傳差異。

訊息的回流並不限於 RNA → DNA。由於基因組的修復是由細胞內複雜的相互作用控制，因此「修復或不修復」抑或是「如何修復」的決定，可能取決於形成後被修改的各種蛋白質。結果是，蛋白質及其在細胞生命週期中獲得的修改，可以影響基因組的內容：例如一條狗的基因帶著搖尾巴的表觀遺傳修飾。總而言之，夏皮羅已經發現了大約十幾種不同的機制，透過這些機制，細胞可以在系統層面上影響自身 DNA 的訊息內容，他將這個過程稱為自然基因工程。總結新達爾文主義生物學的中心法則，會認定訊息是從惰性的 DNA 流向可動的 RNA，再流向功能性的蛋白質：這是一種單向流動。用計算機來打比方，達爾文基因組是一個唯讀資料檔。但麥克林托克、夏皮羅等人的研究推翻了這個迷思，顯示較準確的看法應該是將基因組視為一套可讀寫的儲存

系統。

　　我在本章所描述的達爾文主義的詮釋改良，在某種程度上解釋了適者生存遭遇的難題。目前，有大量研究案例暗示了不同的機制，其中許多帶有拉馬克主義的色彩，但目前尚未闡明支配這些現象的系統性資訊管理的法則或原則。然而，我們很容易猜想到，生物學家在表觀遺傳層面上，瞥見了一整個影子訊息處理系統在運作。「大自然的許多創新，包括一些驚人的完美呈現，召喚了加速生命創新能力的自然法則……」[24] 瑞士演化生物學家華格納寫道：「演化遠比我們看到的要複雜得多……適應性不僅僅是由機會驅動的，也是由一系列法則驅動的，這些法則使大自然能夠在隨機變異所需時間的一小部分內，發現新的分子和機制。」[25] 聖安德魯斯大學演化生物學家拉蘭德（Kevin Laland）是「擴展演化綜合論」（Extended Evolutionary Synthesis）計畫的共同創建者。他寫道：「現在，是時候放棄『我們繼承的基因是構建身體的藍圖』這種想法了。遺傳訊息只是影響個體命運的因素。生物體在自身及其後代的發展中，其實發揮了主動而建設性的作用，從而為演化指明了方向。」[26]

　　正統的生物學家不會甘心接受這次的攻擊。拉馬克主義的異端邪說總是能激起人們的激情，而擴展演化綜合論仍然是一個充滿爭議的挑戰，表觀遺傳變化可以代代相傳的說法也是如此。達爾文主義的「純粹」版本到底需要調整多少，仍存在爭議。[27] 持平的說，這場論戰離結束還很遠哩！

癌症：多細胞生物的慘痛代價

基因組不僅會在數百萬年的演化時間尺度上發生深刻的變化，也會在生物體的一生中發生深刻的改變。後者最典型的例子就是癌症——世界頭號殺手。儘管這種疾病非常可怕，卻為瞭解我們的演化史提供了一個迷人的窗口。

癌症並沒有嚴格的定義；相反地，它有十幾個「特徵」[28]。人類身上的晚期癌症可能表現出全部或部分的特徵。這些特徵包括突變率飆升、細胞增殖不受抑制、細胞凋亡（程序性細胞死亡）失調、逃脫免疫系統、血管生成（新血液供應的組織）、新陳代謝的變化，以及最著名、醫療上最成問題的，容易擴散到全身並固定在遠離原發腫瘤部位的器官，這一個過程稱為轉移。

癌症是生物學中被研究最多的課題，過去五十年來有超過一百萬篇相關論文發表。因此，讀者可能想不到，對於癌症是什麼、為什麼存在，以及它與地球生命的偉大故事有何關係等問題，人們並沒有共識。人們的關注很少放在將癌症理解為一種**生物現象**，而不是種應該用任何手段消滅的疾病。全世界大部分規模龐大的研究行動都致力於消滅癌症。然而標準的癌症治療方法，例如結合手術、放射治療和化學毒素的治療方法，幾十年來幾乎沒有改變。除了少數幾種癌症外，其他所有癌症的存活率都只是略有提高，甚至根本沒有提高：通過治療延長壽命大多是對不可避免的死亡的防守行動，延續的時間是以週或月、而不是年來衡量。這種糟糕的狀況不能歸因於缺乏資金。自1971年尼克

第四章 達爾文主義 2.0　　175

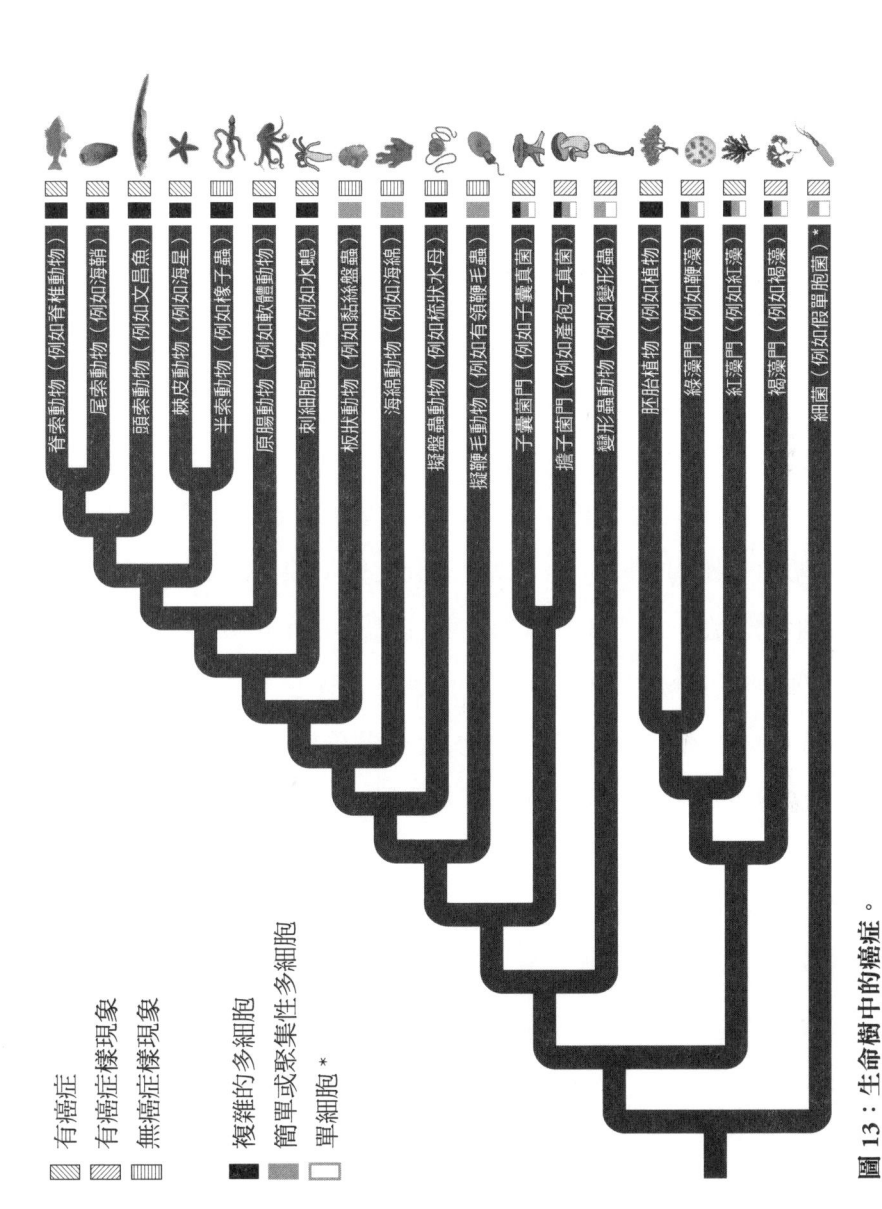

圖 13：生命樹中的癌症。

圖例：
- 有癌症
- 有癌症樣現象
- 無癌症樣現象
- 複雜的多細胞
- 簡單或聚集性多細胞
- 單細胞

分類（由左至右）：
脊索動物（例如脊椎動物）、尾索動物（例如海鞘）、頭索動物（例如文昌魚）、棘皮動物（例如海星）、半索動物（例如橡子蟲）、原腸動物（例如軟體蠕動物）、束細胞動物（例如黏絲盤蟲）、板狀動物（例如絲盤蟲）、海綿動物（例如海綿）、擬盤絲動物（例如梳狀水母）、擬輪毛動物（例如有領鞭毛蟲）、子囊菌門（例如子囊真菌）、擔子菌門（例如產孢子真菌）、變形蟲動物（例如變形蟲）、胚胎植物（例如植物）、綠藻門（例如綠藻）、紅藻門（例如紅藻）、褐藻門（例如褐藻）、細菌（例如假單胞菌）*

*原注：儘管多細胞生物在十五億至五億年前獨立出現過幾次，但始終只包含真核生物。

森總統宣布對癌症宣戰以來,光是美國政府就在癌症研究上花費了一千億美元,而慈善機構和製藥公司又投入了數十億美元。

或許,缺乏進展是因為科學家以錯誤的方式看待問題?有兩個常見的誤解是:癌症是一種「現代疾病」,並且主要折磨人類。這完全不符合事實。幾乎所有哺乳類、鳥類、爬蟲類、昆蟲甚至植物,都會出現癌症或類癌症現象。阿克提皮斯及其合作者的研究顯示,所有後生動物物種,包括真菌和珊瑚,都存在癌症或癌症的類似物。[29] 甚至在簡單的生物、水螅身上,也發現了癌症的例子。[30]（見圖 13）

癌症在物種間如此普遍,這一事實顯示其起源於古老的演化。人類和蒼蠅的共同祖先可以追溯到六億年前,而更廣泛的易患癌症生物體在十億多年前就有了共同起源。這意味著,自從多細胞生物（後生動物）出現以來,癌症就一直存在。這是合理的。毋庸置疑,癌症是一種身體疾病;說細菌罹患癌症是沒有意義的。但身體不是一直存在的——有二十億年的時間,地球上的生命僅由單細胞生物組成。大約十五億年前,第一個多細胞生物出現了,這個地質時期被稱為原生代（Proterozoi,希臘文中的意義為「早期的生命」）。

邁向多細胞的轉變導致了生命邏輯的根本改變。在單細胞的世界裡,只有一個指令:複製,複製,複製!從這個意義上來說,單細胞是永生的。然而,多細胞生物的做法截然不同。永生被外包給了專門的生殖細胞,例如卵子和精子,它們的工作是將生物基因傳給後代。同時,作為這些生殖細胞載體的身體,其行為也

截然不同。它們是會死的。組成身體的細胞（體細胞）以有限的複製能力保留了其過去永生的微弱回音。例如，一個典型的皮膚細胞可以分裂五十到七十次。當某個體細胞達到其使用期限[*]時，不是進入休眠狀態（稱為老化狀態），就是自殺（稱為細胞凋亡的過程）。這並不意味著器官的終結，因為幹細胞會製造相同類型的替代細胞。但最終，替換過程會逐漸消失，整個身體就會死亡，而留下後代的生殖細胞系（如果有的話）會將遺傳基因傳承到未來。

為什麼心智正常的細胞會選擇成為一個多細胞存在，而只能經歷短暫的複製，然後就自殺？在這場偉大的演化生存遊戲中，它能獲得什麼優勢？正如生物學中總是存在著取捨權衡一樣，透過加入一群基因相似的細胞，特定細胞仍將透過生殖細胞促進其大部分基因的傳播。如果整個集體擁有單一細胞不具備的生存功能，那麼基因遺產的算術就可能把平衡偏向群體，而不是單打獨鬥。當數字看起來還不錯，單一細胞和生物體之間就會達成協議。細胞加入集體計畫並死亡，以此作為回報，有機體則承擔起傳播細胞基因的責任。因此，多細胞包含了整個生物體與其細胞成員之間的隱性契約。這是在十億多年前的原生代首次簽下的合約。

多細胞可能是一個好主意，對我們來說是有用的！但它確實有缺點。當個體加入集體活動時，總是存在著他人作弊的風險。

---

[*] 原注：那是什麼時候？當染色體末端的小帽（稱為端粒）磨損時。

這在人類社會中很常見，人們透過國防、福利和基礎設施等，從有組織的政府獲得生存利益，但被期待透過納稅來支付費用。眾所周知，欺騙帶來的誘惑很大，也就是接受福利，但卻逃稅。這種事在世界各地都會發生，為了應付這個問題，各國政府制定了層層法規，然後由政府和執法機構監督著這些法規。例如，澳洲的稅法長達一百萬字，美國的稅法則幾乎複雜得無以復加。儘管設置如此複雜，但該系統並不完善；欺騙者和執法者之間存在著一場軍備競賽，網路詐欺和身分盜竊是當前的主要例子，類似的軍備競賽也在多細胞生物中上演。為了讓個別細胞遵守契約，必須有多層的監管控制，並由整個生物體進行監督，以阻止作弊細胞。因此，特定的體細胞，例如皮膚細胞、肝細胞、肺細胞……只有在規則允許的情況下，才會正常分裂。在需要更多此類細胞時，細胞本身的內部「複製程序」就會處理。但是，如果分裂不當，那麼調節機制就會進行干預，阻止分裂。如果細胞持續頑固分裂下去，就會判處其死刑：細胞凋亡。如果細胞發現自己處於錯誤的組織環境中，就會出現這種嚴格監管的生動例子。例如，如果肝細胞被意外送至肺部或故意移植到肺部，可不會有好結果。來自肺組織的化學訊號辨識出有闖入者（「不是我們中的一員！」），就可能命令細胞凋亡。

對多細胞生物中的一個細胞來說，作弊意味著什麼？這意味著單細胞生命默認採取自私的「每個細胞為自己活」的策略：複製、複製、複製。換句話說，就是不受控制的擴散：癌症。簡而言之，癌症是體細胞與生物體之間古老契約的破壞，隨之而來的

是回歸到更原始、更自私的過程。

　　監管工作為何會失敗？原因可能有很多。一個明顯的例子就是輻射或致癌化學物質對「監管基因」造成損害。有一類基因，其中最為人所知的是 p53，具有腫瘤抑制功能。損害了 p53，就可能無法抑制腫瘤。另一個原因是免疫抑制。適應性免疫系統的職責包括癌症監測，如果該系統運作正常，早期的癌細胞就會在造成危害之前被發現和消滅（或被監禁和控制）。但是癌細胞可以透過化學方法將自己偽裝起來，以逃避免疫警察的監控。它們還可以透過招募免疫系統的偵察兵（巨噬細胞），將它們「轉化」為自己的間諜，為自己工作，從而破壞免疫系統。腫瘤相關巨噬細胞（Tumor-associated macrophages）會包庇腫瘤，並阻止免疫攻擊。

　　癌症要想發生，必須發生兩件事。正常細胞必須採取欺騙策略，而生物體的警察必須在某些地方犯錯。傳統的解釋是體細胞突變理論：由於衰老、輻射或致癌化學物質的影響，基因損傷在體細胞中積累，導致細胞行為異常、變得失控，即開始執行它們自己的計畫。由此產生的「腫瘤」，或者說新細胞群，（正統理論認為）會快速發展，呈現出我之前提到的特徵，包括不受控制的增殖，加上擴散到全身並在其他器官中附著的傾向。體細胞突變理論假設，透過一種快節奏的達爾文式天擇過程，相同的癌症特徵會在每個宿主體內被重新發明，其中最適者（也就是最惡性的）癌細胞透過失控的複製超越其競爭對手，最終殺死宿主（和它們自己）。儘管體細胞突變理論根深蒂固，但它的預測能力較差，

對它的解釋不過是基於個案「原來如此」的故事。最嚴重的是,它無法解釋,突變如何在如此短的時間內,為單一腫瘤帶來如此多的適應改善(是的,又是這個)。這似乎有些矛盾:日益受損和有缺陷的基因組,竟然能夠使腫瘤獲得如此強大的新功能和如此多可預測的特徵。

追蹤癌症的深層演化根源

過去幾年來,我和我的同事對癌症做出了一些不同的解釋,認為癌症的起源可以追溯到遙遠的過去。[31] 令我們震驚的是,癌症幾乎從來不會發明任何新的東西。相反地,它僅僅挪用了宿主生物已經存在的功能,其中許多功能非常基本而古老。例如,無限增殖一直是萬古以來單細胞生命的基本特徵。畢竟,生命做的就是自我複製這一行,細胞歷經數十億年的演化,已經學會如何在各種威脅和侵害面前繼續生存。轉移——通常靜止的細胞變得可以移動,而使腫瘤擴散到全身的過程——模仿了早期胚胎發育中發生的情況,此時未成熟細胞通常不會固定在原地,而是以有組織的模式湧向指定位置。體液循環中的癌細胞侵入其他器官的傾向,則與免疫系統治癒傷口的方式非常相似。這都是腫瘤學家所熟知的事實,再加上癌症在其惡性腫瘤各個階段中,可預測且有效的發展方式,使我們相信,癌症不是受損細胞隨機失控的現象,而是應對壓力的一種古老、組織良好而有效的生存反應。* 至關重要的是,我們認為癌症的各種獨特特徵並不是隨著

腫瘤的發展而獨立演化的（即偶然發現的），而是作為腫瘤有組織的反應策略的一部分，被有意開啟和有系統部署起來的。

總之，我們認為癌症不是損傷的產物，而是對破壞性環境的一種系統性反應，算是一種原始的細胞防禦機制。癌症是細胞應對不良環境的方式。它可能是由基因突變觸發的，但其根本原因是緊急生存程序**工具包的自我啟動，這套工具非常古老而根深蒂固。這兩種理論之間的主要差異可以用一個類比來說明。想像在操場上遭受霸凌的受害者，逃跑是一種生存策略。受害人的退出是自行進行的；攻擊者的推擠和拳打可能會引發他的逃跑，但這並不是他移動的最終原因——受害人不是被推開的，而是逃跑的。另一個類比是如果電腦遭受攻擊（軟體損壞或機械問題），它可能會以安全模式啟動（見圖14）。這是一個預設程序，讓電腦即使受到損壞，也能運作其核心功能。同樣地，癌症是一種預設狀態，在這種狀態下，受到威脅的細胞依靠其古老的核心功能運行，從而保留其重要功能。其中，增殖是最古老、最有活力和最受保護的功能。觸發癌症的威脅不一定是輻射或化學物質；也可能是老化組織、低氧張力或各種機械應力，包括傷口（或甚至是電氣中斷——請參閱第153頁）。有許多因素，無論是單獨還是共

---

* 原注：這裡使用的「壓力」一詞，如前所述，是指威脅性的微環境，例如致癌物質、輻射或缺氧。人們普遍認為感到壓力的人可能會患癌症，但這顯然與我在此討論的身體壓力沒有關係。

** 原注：觸發因素和根本原因之間的區別，類似於操作一個基本且常用的電腦套裝軟體，例如微軟Word。「開啟」指令會觸發Word，但「Word現象」的「根本原因」卻是Word軟體，它的起源可以追溯到電腦產業的遙遠過去。

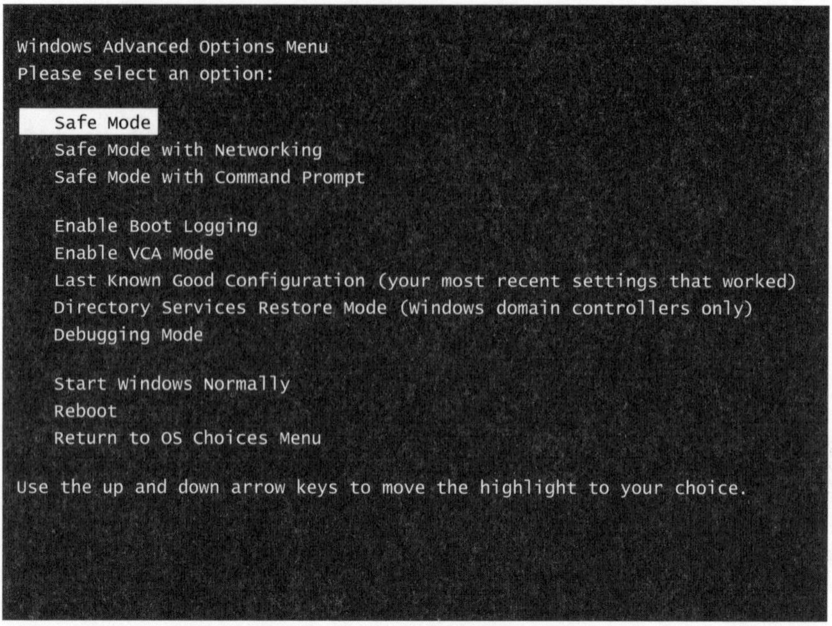

```
Windows Advanced Options Menu
Please select an option:

    Safe Mode
    Safe Mode with Networking
    Safe Mode with Command Prompt

    Enable Boot Logging
    Enable VGA Mode
    Last Known Good Configuration (your most recent settings that worked)
    Directory Services Restore Mode (Windows domain controllers only)
    Debugging Mode

    Start Windows Normally
    Reboot
    Return to OS Choices Menu

Use the up and down arrow keys to move the highlight to your choice.
```

圖14：當你的電腦在啟動時出現問題，就可能會出現這個令人沮喪的畫面
它表示電腦遭到某種損壞，導致作業系統在問題解決前，以其核心功能運作。癌症可能會做類似的事情：使用細胞十多億年前演化而來的預設核心功能，同時忽略或停用最近才演化的「用不上的花哨功能」。

同的作用，都可能導致細胞採用其內建的「癌症安全模式」。

儘管癌症的預設程序非常古老，可以追溯到生命本身的起源，但一些更複雜的特徵重現了演化的後期階段，特別是在十五億至六億年前，原始後生動物開始出現的時期。在我們看來，癌症是祖先形式的一種倒退或預設；用專業術語來說，這是一種返祖表現型。由於癌症深深融入多細胞生命的邏輯中，其古老的機制受到高度保存和嚴密保護，因此對抗癌症是一項艱鉅的挑戰。

我們的理論做出了許多具體的預測，例如我們預期與癌症有因果關係的基因（通常稱為致癌基因）大多集中在在多細胞出現的年代。有證據證明這一點嗎？有的。透過比較許多物種之間，基因序列資料的差異量，可以估算基因的年齡。這種久經考驗的技術被稱為基因體親緣分層法（phylostratigraphy），它使科學家能夠重建生命樹，從當今的共同特徵逆向推導出過去的共同起源（見圖15）。

德國的一項研究使用了四種不同的癌症基因數據集，證明癌症基因的分布年代大約在後生動物演化的時期，出現了一個明顯

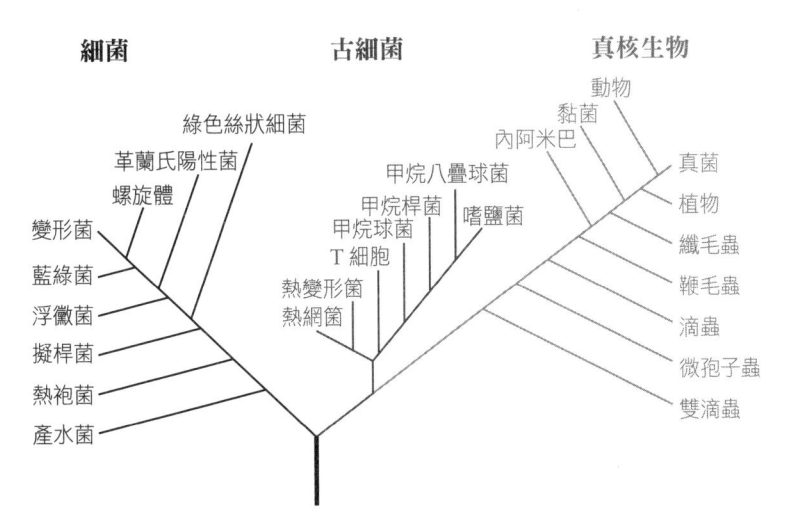

圖15：追溯生命樹的歷史

自從達爾文率先畫了一棵樹的塗鴉來表示物種隨時間的分化以來，生物學家一直嘗試利用化石記錄重建生命的歷史。現在他們也使用一種稱為基因親緣分層法的方式，以許多物種的基因序列來確定物種遙遠過去的共同祖先。圖中的樹顯示了從共同的古老起源分化出來的三大生命領域，線的長度表示遺傳距離。這棵樹的最後一個共同祖先生活在大約三十五億年前。

的高峰。[32] 澳洲墨爾本的古德和特里戈斯最近對七種腫瘤類型進行了分析，他們把關注重點放在基因表現[33]。他們根據年代，將基因分為十六組，然後比較每組基因在癌症腫瘤和正常組織的表達量。結果是驚人的，正如我們的預測，兩組較老的基因在癌症腫瘤中過度表現，而年輕基因的表現則低於水平。此外，他們還發現，隨著癌症發展到更具侵略性、更危險的階段，較老的基因會以更高的水平表達。這證實了我們的觀點，即癌症在宿主生物體中發展時，會高速逆轉演化方向，在幾週或幾個月的時間內，細胞就會恢復到原始的祖先形態。用更通俗的方式來說，研究小組發現，在癌症中與單細胞時代相關的基因比後來在多細胞時代演化的基因更活躍。

我們在亞利桑那州立大學的工作中研究了癌細胞的基因突變率。[34] 返祖理論預測，較老的基因在癌症中突變較少（畢竟它們負責運行「安全模式」程序），而較年輕的基因突變較多。我的同事布西和西斯內羅斯總共考慮了一萬九千七百五十六個人類基因，並使用了英國桑格研究所編製的 COSMIC 癌症基因資料庫（Catalogue Of Somatic Mutations In Cancer）。這些數據結合了另外兩個資料來源：Ensembl Compara / Ensembl PanTaxonomic Compara，這是一個包含所有生物分類群，大約一萬八千個物種遺傳序列資料的資料庫，其中也包括對基因演化年代的分析。這使得他們能夠估計人類基因組中基因的演化年齡。他們發現，在正常組織中，尤其是在癌症組織中，年輕基因確實更容易發生突變，而十億年以上的基因發生突變的機率比平均水平更低，與我

們預期的一樣。他們也證實了德國的研究，即癌症基因*出現的時間聚集在多細胞出現的時代，這支持了我們的觀點。為了實現多細胞組織而演化的功能遭到破壞，導致了癌症。COSMIC 將基因分為顯性和隱性，我的同事發現，具有隱性突變的癌症基因比大多數的人類基因古老得多。

最有說服力的因素，來自於解答一個相當不同的問題：癌症基因有什麼好處？有一個名為 DAVID 的資料庫根據基因功能進行組織，當西斯內羅斯和布西將 COSMIC 的數據輸入 DAVID 時，他們發現，超過九億五千萬年的隱性基因，在兩個核心功能上具有很強的生物放大作用：對細胞週期的控制，以及參與雙鏈斷裂的 DNA 損傷修復（這是 DNA 可能遭受的最嚴重損傷）。透過研究相關基因的演化歷史，我的同事發現了一些重要的東西：相同 DNA 修復途徑中的未突變基因，相當於在**細菌中，驅動對壓力產生適應性突變反應的基因——這正是我在本章前面討論過的現象（見第 165 頁）。和細菌一樣，這些癌症基因會提高細胞的突變率，並透過演化出一條擺脫困境的途徑，來拼命生存下去。我之前說明了羅森伯格的發現：當細菌感知到 DNA 雙鏈斷裂時，就會切換到一種不太穩定的修復機制，在斷裂的兩側產生一系列錯誤（突變）。我們迫切想知道的是，癌細胞是否也表現出在修復的雙鏈周圍留下損傷的模式。事實證明，情況確實如此，我的同事觀察了七百六十四個來自七個不同部位的腫瘤樣本，包括胰

---

* 原注：本研究將其定義為被證明與癌症有因果關係的基因。
** 原注：從技術上來說，它們被稱為這些基因的「直系同源物」（orthologs）。

臟、前列腺、骨骼、卵巢、皮膚、血液和大腦等部位，並發現六百六十八個樣本有突變聚集在雙鏈斷裂處的證據。這一切都符合我們的理論：壓力下的細胞，會透過重新喚醒各種古老的基因網路，而變成癌細胞，這些網路中就包括造成高突變率。因此，癌症最為人所知的其中一項特徵，原來是細胞自己促成的，也就是癌症經常透過演化出抗藥性變異來逃避化療的原因。這項發現與返祖理論非常吻合：癌症只不過是利用了一種古老的壓力反應，這種反應早在單細胞生命時代就演化出來了，至今仍被細菌使用。

與受到壓力的細菌一樣，癌細胞的突變絕非隨機：存在明確的突變「熱點」和「冷點」（低突變的區域）。這很有道理，多細胞生物應該努力保護其基因組的關鍵部分，例如負責運行細胞核心功能的部分，並投入較少資源在最近演化出的、和不太重要的特性相關的「花哨」功能上。普林斯頓大學的奧斯汀和吳（Amy Wu）領導了一個計畫，讓癌細胞接觸一種治療毒素（阿黴素，doxorubicin），研究它們對這種藥物的抗藥性演變。奧斯汀和吳發現，突變冷點的基因比平均值古老得多。[35] 這些新的研究結果解釋了，為什麼天擇未能消除癌症的禍害；如果腫瘤確實是細胞向祖先形式的回歸，那麼我們或許可以預期，驅動癌症的古老途徑和機制將受到最深層的保護和保存，因為它們發揮著生命的最基本功能。它們不能被除掉，否則相關細胞就會遭受災難。我們研究的突變基因只是其中一個例子。

演化未能消除癌症的另一個原因是癌症與胚胎發育有關。

三十年來，人們已經知道一些致癌基因在發育過程中扮演著至關重要的角色；消滅它們會讓我們面臨大災禍。正常情況下，這些發育基因在成體中是被靜默的，但是如果某些東西重新喚醒它們，也就是在成體組織中出現錯誤發育的胚胎，就會導致癌症。作家約翰遜（George Johnson）總結得很好，他將腫瘤稱為「胚胎的邪惡雙胞胎」。[36] 值得注意的是，胚胎的早期階段是生物體形成基本身體結構的時期，也代表多細胞生命的最早階段。當癌症開關被打開時，由於細胞重現了與早期胚胎發育截然不同的情況，資訊流的遺傳和表觀遺傳的調節都會受到系統性的破壞。這包含了調節基因連接方式的改變，以及基因表現模式的改變；我們的研究小組正在嘗試尋找這些變化的資訊特徵。我們希望，除了我提到的身體特徵之外，還能夠識別出癌症的獨特「資訊特徵」。這是一種癌症發生的軟體指標，可能比細胞和組織形態在臨床上的明顯變化更早出現，從而為未來的麻煩提供早期預警。

癌症的返祖理論不論是對診斷還是治療都有重要意義。我們認為，尋找一種通用的癌症「治癒方法」是一種昂貴的消遣，而且癌症本身根植於多細胞生命的本質；最好的管理和控制（而不是消除）方法，是利用不利於其古老祖先生活方式的身體條件，來挑戰癌症。只有充分瞭解癌症在整個演化史脈絡中的地位，才能在面對這種致命疾病時，真正為人類的預期壽命帶來影響。

Chapter 5 幽靈般的生活和量子惡魔
Spooky Life and Quantum Demons

人們常說，無論人類的發明多麼巧妙，大自然總是能搶先一步。的確，生物比我們更早發現了輪子、幫浦、剪刀和棘輪。但這還不是全部。在人類發明計算機的數十億年前，大自然就發現了數位資訊處理系統。今天，我們正站在一場新技術革命的門檻上，這場革命將帶來如數位電腦問世後一樣翻天覆地的改變——我指的是人們長期尋求的量子電腦。

1982年，費曼在加州大學柏克萊分校發表題為「用電腦模擬物理學」的未來派演講，在其中闡述了一個基本思想。[1] 費曼指出，在使用傳統電腦來模擬分子等量子力學物體時，為了追蹤一切，電腦會耗盡所需的計算資源。然而，他推測（當時假設的）量子電腦可以勝任這項工作，因為它可以模擬其自身基本類型的某些東西。1985年，牛津大學物理學家多伊奇進一步發展了這個想法，他制定了將資訊寫入原子和亞原子系統狀態的精確規則，然後利用量子力學的標準定律對其進行操縱。

量子電腦的祕密，就是所謂的疊加。在傳統的（典型的）計算機中，開關肯定不是打開，就是關閉，代表1或0。在量子電

腦中，它可以同時表示 1 和 0，即 1 和 0 的「疊加」。疊加並不是兩個數字各佔一半的簡單混合，而是所有可能的混合。物理學家將這樣的實體稱為量子位元（qubit）。原則上，只要將數十個量子位元混合在一起，就可以創造出一個效能超越最佳傳統電腦的裝置。

不久之後，物理學家們便開始爭相製造這樣的東西。直到今天，開發和推銷一台功能齊全的量子電腦，已經成為了世界各主要政府和企業研究計畫價值數十億美元的主要產業目標。龐大的投資是因為量子電腦將釋放出巨大的運算能力。不僅能夠詳細模擬原子和分子過程，還可以破解用於加密我們大多數通訊的密碼，並以閃電般的速度對龐大的資料庫進行分類。如果量子電腦被廣泛應用，傳統的電腦資訊安全就會成為一個笑話：量子電腦將危及情報服務、外交通訊、銀行交易、線上購物──事實上是任何網路上的機密和需要加密的資訊。

但是量子計算與生命有什麼關係？嗯，在生物學中，這場遊戲的名稱是資訊管理。既然生命如此擅長操縱位元，那麼它是否也學會了操縱量子位元呢？過去幾十年來，許多物理學家都提出類似的推測。在大自然神奇的生命拼圖盒中，沒有什麼比利用量子效應更神奇的了。

非常怪異的量子理論

愛因斯坦曾將量子效應描述為「很詭異」（spooky），事實

上他認為它們太詭異了，而堅定地認為量子力學對自然的解釋是有缺陷的。量子似乎與他所珍視的相對論有所抵觸，因為它允許超光速效應，*而且愛因斯坦也對於由不確定性和非決定論（indeterminism）支撐基本現象的想法感到很不自在。如今，很少物理學家會站在愛因斯坦這邊；量子力學儘管十分詭異，卻已牢牢扎根於物理學的主流之中。畢竟，這個理論不僅解釋了從亞原子粒子到恆星的幾乎所有事物，而且還為我們提供了不可或缺的技術形式，例如雷射、電晶體和超導體。問題並不在於量子力學是否具有解釋世界的非凡能力，以及它是否能夠推動21世紀的產業成長，而是它對於現實的本質有著極為怪異的暗示。

想像一下以下的場景：

你向玻璃窗扔一顆網球，它會反彈回來。你再次將它拋出，與之前完全一樣，球出現在玻璃的另一側，但玻璃並沒有被打破。

你將一顆撞球直接擊向球袋。當它到達洞口邊緣時，它不會掉進去，而是直接反彈回來，就好像洞口邊緣附近有一堵看不見的牆一樣。

一顆球正沿著路邊的排水溝滾動，朝著交叉路口移動。當它

---

* 原注：我們現在知道量子力學不允許超光速通信，這削弱了愛因斯坦的反對意見。

到達那裡時，無需將它往側邊踢，它就會自行轉彎。

如果這些事件發生在日常生活中，人們會認為是奇蹟，但在原子和分子層面，即量子物理學的領域，它們無時無刻都在發生。其他奇特、日常不存在的量子效應，包括：電子等粒子似乎可以同時出現在兩個地方，一對相距幾公尺的光子也會自發地協調它們的活動（愛因斯坦稱之為「詭異的遠距作用」），以及一個分子同時順時針和逆時針旋轉。已經有很多書籍專門描述這些奇特但真實的效應，但在這裡我只關心一個問題：在生物中，是否存在著詭異的量子效應？

從某種簡單的意義上來說，所有的生物都是量子的。生命畢竟是應用化學，而分子的形狀、大小和相互作用都需要量子力學來解釋，但這並不是人們在談論「量子生物學」時心裡所想的事。我們真正想知道的是，諸如穿隧效應（球穿過窗玻璃效應）或糾纏效應（詭異的遠距作用）等複雜的量子過程，是否在生命中發揮著重要的作用。

一般來說，如果某些東西為生命帶來優勢，即使是很小的優勢，天擇就會利用它。如果「量子」能夠使生命更快、更好、更便宜，我們就可以預期演化會偶然發現到它並選擇它。然而這種輕率的推理很快就讓我們碰了釘子。量子效應代表了原子和分子秩序的一種微妙而精細的形式，所有量子效應的共通敵人就是**無序**。但生命中充滿無序！那是隨機攪動的分子間不可避免的喧囂，也是熱力學第二定律的普遍破壞。熵，熵無所不在！只有

BOX 11

這是波嗎？是粒子嗎？不，這是量子！

量子物理學的一項基本發現是，波有時可以表現得像粒子。愛因斯坦在 1905 年首次提出這個觀點，他提出假設：光是一種波，只能以離散的訊息包（即光子）的形式，來交換能量；相反地，我們通常認為是粒子的電子，有時會表現得像波（所有物質粒子都是如此），薛丁格寫下了描述物質波行為的方程式。這種「波粒」二象性是量子力學的核心，許多令人詫異的量子效應，例如我上面給出的三個球的場景，都是物質波動性的結果。爭論光子或電子實際上到底是波還是粒子，是毫無意義的；我們可以進行實驗來體現其中任一方面，但絕不能同時體現兩者。儘管薛丁格與海森堡率先開創了量子力學的先河，但在 1930 年代，丹麥物理學家波耳最有系統地面對了有關真實（reality）這個難以應付的解釋性問題。據他所說，人們必須接受一個事實：微觀世界的居民並沒有可與我們日常生活中對應者。

量子波的傳播和合併方式對其物理意義有至關重要的影響。想像一下，將兩塊石頭一起丟進平靜的池塘，相距幾公尺。每一塊石頭在池塘上盪起的漣漪都擴散開來，然後彼此重疊。當一塊石頭的波峰與另一塊石頭的波峰相遇時，它們會加強而形成更高的波峰；當高峰與低谷相遇時，它們就會

消失。如果沒有任何東西干擾，合併波所形成的交叉圖案就稱為相干性（coherent）。但現在假設有一場冰雹，濺起池塘裡的許多漣漪。這時，石頭形成的漂亮而有序的波浪圖案將會被打亂，這被稱為退相干（decoherence）。談到量子物質波，許多奇怪的量子效應就源自於波的相干性。如果相干性消失，大多數複雜的量子效應也會消失。生物物質中的電子不會遭受冰雹襲擊，但必須應付分子風暴，例如水分子持續不斷的熱轟擊。和水波一樣，電子波如果受到干擾，就會退相干。粗略的計算顯示，在大多數的生物條件下，退相干將極為迅速地發生，但似乎存在一些例外，允許某些特殊情況下出現異常緩慢的退相干。

在非常特殊的情況下，複雜的量子效應才能在這種不可避免的熱噪音面前存活下來。參觀任何研究量子現象的實驗室，你都會看到閃閃發光的鋼鐵房間、閃爍的電子設備、嗡嗡作響的低溫恆溫器、無數的電線和管道、精心排列的雷射光束、電腦——滿是大量昂貴、高精度、精細調節的設備。這些精細裝置的主要目的都是為了減少熱擾動造成的干擾，不是通過屏蔽——將感興趣的量子系統與周圍環境隔離，就是將所有相關物質冷卻到接近絕對零度（約為 -273℃）。投入量子電腦產業的資金中，很大一部分都是用來對抗無所不在的熱破壞。事實證明這是非常非常困難的。

看到物理學家為了避免熱噪音的影響必須付出如此龐大的努

力，似乎很難令人相信在混亂且相對高溫的生物有機體世界中，有可能發生任何這種「詭異」的事情。細胞中的蛋白質與孤立的低溫系統的距離，大約是人們可以想像的最遠距離。但記得惡魔的存在——由馬克士威設計，目的正是為了從混亂中召喚出秩序，以逃避第二定律，逃避熵的侵蝕。雖然我們知道，即使是惡魔也不能違反第二定律的字面意思，但肯定可以違反其精神，而生命中充滿了惡魔。難道生命的惡魔除了玩弄各種巧妙的把戲之外，還學會了如何玩弄位元和量子位元，其靈巧程度甚至連我們最先進的實驗室都比不上？

穿隧效應

我在亞利桑那州立大學的同事林賽是一位生活中的量子生物學家。他的研究重點是瞭解電子如何流經有機分子，特別是 DNA 中的 ACGT 密碼。他們在實驗室中實踐的方式是將 DNA 雙螺旋解壓縮成單鏈，然後將其中一條單鏈像義大利麵一樣吸入培養皿上的一個小孔——「奈米孔」（nanopore）。孔的對面有一對微型電極，當每個「字母」穿過這個洞時，電子就會穿過字母，產生微小的電流。令人高興的是，每個字母的電流強度和特性都有明顯差異，因此林賽的裝置可以作為高速定序設備。他還發現氨基酸也可以做為良好的電導體，直接為蛋白質定序開闢了道路。

當林賽第一次描述他的研究工作時，我承認我很困惑——為什麼有機分子能夠導電？畢竟，我們使用橡膠和塑膠等有機物質

作為絕緣體，也就是作為電的屏障。我們乍看之下很難看出電子如何找到穿過核苷酸或氨基酸的路徑。事實上，這種現象可以用一種名為「穿隧效應」的奇特量子現象解釋，即「球穿過窗玻璃」效應。即使電子擁有的能量不足以跨越屏障，也能穿越屏障；如果不是因為物質具有波動性（參見 BOX 11），電子就會直接從有機分子上反彈回來。薛丁格在 1920 年代提出著名的物質波方程式時就預測了穿隧效應，並且很快就發現了例子。在 1890 年代，人們首次觀測到一種稱為 α 衰變的放射形式，如果不是因為衰變中發射出的 α 粒子能夠穿過鈾和其他放射性物質的核力屏障，就無法解釋這種衰變。* 電子穿隧是電子和材料科學中許多商業應用的基礎，包括重要的掃描穿隧顯微鏡。

林賽可以讓電子穿過有機分子，但大自然也能這樣做嗎？確實如此。有一類分子被稱為金屬蛋白（metalloprotein），基本上就是含有金屬原子（例如鐵）的蛋白質（一個眾所周知的例子是血紅蛋白）。金屬是良好的導體，所以很有用，但電子穿過有機分子的現象其實相當普遍。這就引發了一個有趣的問題：為什麼要讓電子穿過蛋白質呢？這是一件好事，其中一個原因與新陳代謝有關。與氧化有關的酶，以及極為重要的能量分子 ATP 的合成，都依賴快速的電子傳輸。靈活自如的電子穿隧潤滑了生產生命能量的機器齒輪。這不僅僅是一個美好的巧合；這些有機分子是經過演化不斷磨練出來的。任何舊有的有機分子都不行，至

---

* 譯注：α 衰變是某些不穩定的原子減少質量，釋放能量和 α 粒子的過程；α 粒子是帶正電的粒子，由兩個質子和兩個中子組成。

少加州理工學院貝克曼研究所的格雷（Harry Gray）和溫克勒（Jay Winkler）是這麼認為的：「必須滿足嚴格的設計要求，才能沿著特定路徑快速而有效地傳輸電荷，防止電子偏離路徑而擴散……以及能量流動的中斷。」[2]

雖然這些物理學都非常有趣，但還有一個更令人著迷的大問題。生物分子是否更普遍地因其「量子穿隧性」而被演化選擇？瓦泰（Gábor Vattay）和他的同事最近進行的分析顯示，「量子設計」可能不僅限於新陳代謝，而是生物的一個普遍特徵。[3] 他們透過研究關鍵生物分子在電導體和絕緣體之間的光譜位置，得出了這個結論。他們聲稱已經發現了一類新的導體，這種導體處於絕緣體和無序金屬之間轉變的臨界點，許多重要的生物分子顯然就屬於這類物質。睪固酮、黃體素、蔗糖、維生素 D3 和咖啡因都在瓦泰等人引用的眾多例子之中。事實上，他們認為「大多數積極參與生化過程的分子，都精確地處於轉變點，並且是臨界導體。」[4] 處於導電能力邊緣很可能是種相當罕見的分子特性，而且考慮到生物可能產生的分子（依據生命使用的構成要素）數量是天文數字，偶然達到賦予分子這種臨界導電性排列的機會，其實微乎其微，因此一定存在著強大的演化壓力。至少在這種情況下，生物確實發現了量子優勢，並抓住了它。

奇妙的光之旅

量子生物學在很大程度上一直處於陰影之中，直到 2007 年，

一項重大發現才真正讓它得以揭示，並引起了全世界的關注。在加州大學柏克萊分校的弗萊明（Fleming）實驗室，一群由恩格爾（Greg Engel）領導的科學家正在研究光合作用的物理原理。[5] 現在你可能會想，光合作用從定義上來說是一種量子現象，因為與光子有關。但這只是將其歸類為「簡單」量子效應的範疇：意指植物或光合細菌利用光將二氧化碳和水轉化為生物質。從這個面向來看，光子只是一種能量來源；它的量子面向是偶然的。詭異的事情下一步才開始：捕獲光子的分子複合體，和實際進行化學反應的反應中心並不相同。這就像在田裡安裝太陽能板，為路邊的工廠供電。在生物中，總是存在著能量競爭，因此在將能量從一個地方傳遞到另一個地方時——在本例中是從集光分子傳遞到反應中心，應該避免浪費寶貴的資源。長期以來，科學家一直對光合作用如何能如此有效地完成這種轉移感到困惑。現在，我們對「複雜」量子效應的理解終於有點進展了。

為了解釋正在發生的事情，我需要引用另一個已經順便提過的怪異的量子特性：量子粒子能夠同時出現在兩個地方——事實上，它們可以同時出現在許多地方。由此推論，粒子從 A 到 B 時可以同時採取多條路線。準確地說，它會選擇**所有**可能的路線，而不僅僅是最短的路線（見圖16）。量子力學的奇怪計算，就是要求人們整合從開始到結束的所有可用路徑：它們都對粒子如何到達那裡有所貢獻。這聽起來很神祕，但如果將粒子看作擴散的波，而不是不擴散的小團塊，情況就不難理解了。想像一下，一股水浪正逼近海床伸出的繫船柱。波浪在它的周圍彎曲，有的

向左,有的向右,最後在另一邊匯合。量子波也有同樣的效果。然而,當我們嘗試從粒子的角度思考時,我們就想不通了:**單一粒子怎麼能同時到達所有地方?誰能想到這點呢?**對於量子力學中「這是怎麼回事」的一個流行解釋是,(在這個例子中)從 A 到 B 的每條路徑都代表著一個獨立的世界。如果粒子的路徑上有障礙物(類似水中的繫船柱),那麼在某些世界中粒子會向右移動,而在其他世界中粒子會向左移動。

當然,人們會問「但事情實際上是怎麼進行的?」答案取決

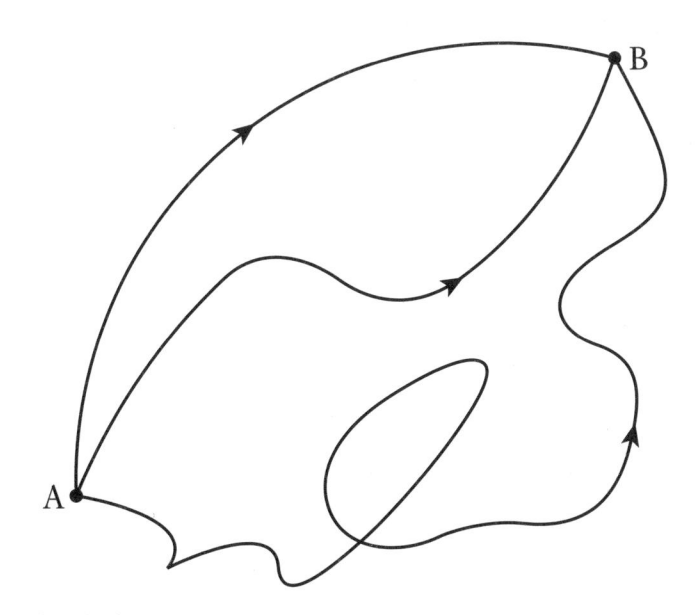

圖 16:量子路徑

在日常生活中,如果一個粒子(例如板球)從 A 點移動到 B 點,它會沿著空間中的確定路線行進。但原子和亞原子粒子則不然。根據量子力學的怪異規則,一個粒子會像幽靈一樣,採取 A 和 B 之間所有可能的路徑。每條路徑都會對粒子的屬性產生貢獻;它們確實有實際的影響。

於你所說的「實際」是什麼意思，這也是量子力學的討論開始變得模糊不清、讓許多人跟不上的地方。儘管如此，我還是會盡力解釋。在舊式方法中（幾十年前），這些替代世界（每個世界只包含一個粒子軌跡）僅僅被視為現實的**競爭者**，是幽靈般的虛擬世界，並不「實際存在」。但這些虛擬世界集體形成了一種混合物，一種疊加現象，我們經驗中的「真實世界」由此產生。為了明確起見，假設一個實驗者從明確定義的 A 點發出一個電子，並在明確定義的 B 點中偵測到它；那麼，根據量子力學，我們不可能說出它是**如何**從 A 到達 B 的——中間的路線沒有「物質事實」。不只實驗者不可能知道這條路線，就連大自然也不知道。如果你嘗試在 A 和 B 中間放置探測器來偷看，就會完全改變整個結果。物理學家惠勒（John Wheeler）是一位擅長發表精采描述的資深前輩，他喜歡說量子傳播（如我所描述的，在 A 和 B 之間）「就像一條被煙霧圍繞的巨龍」，它有「銳利的牙齒」和「銳利的尾巴」（在 A 和 B 處，實驗者可以接收到關於粒子位置的明確資訊），但在兩者之間，一切都籠罩在煙霧之中，模糊不清。

這些日子以來，許多頂尖物理學家堅持認為，多個不同的量子世界實際上是真實的世界；它們是平行存在的，這種觀點被稱為量子力學的多重世界或多重宇宙詮釋。至於為什麼我們只體驗到一個世界，則必須問「我們」的意思是什麼。如果假設每個世界都有一個不同版本的你，現在就有許多世界和許多（幾乎相同的）你，而每個版本的你都只看到一個世界。無論人們是否接受這種時髦又誇張的量子力學詮釋，其實都無關緊要：人們至少可

以肯定地說，在從A到B的過程中，粒子可以一起嘗試所有路線。

路線模糊很重要嗎？或者這只是哲學上的胡謅？這確實很重要，因為替代路徑會互相干擾（就像圍繞繫船柱的水波一樣）。有時候這種干擾會為粒子創造「禁區」（兩個合併的波會抵消，從波峰到波谷）；相反地，它也可能讓波在另一個區域（波浪增強的地方）出現。這種量子干涉效應似乎會對進行光合作用的分子複合體產生影響。不久之後，恩格爾在芝加哥大學成立了自己的研究團隊，並持續與弗萊明（Graham Fleming）及其團隊密切合作。他們將注意力集中在綠硫菌上，這些不起眼的微生物生活在湖泊和五公里深的深海火山口周圍。陽光無法穿透到那個深度，但炎熱的火山噴口會發出暗淡的紅光，這些細菌就是靠這種微弱的光源生存的。「微弱」這個字用得很精確：據估計，每個光合作用複合體每天只能得到大約一個光子，只有一般植物葉子的兆分之一。由於可用的光子非常少，綠硫菌需要盡最大的努力利用它們所能獲得的每一個光子，事實上它們的效率接近百分之百，幾乎不浪費任何能量。

以下是綠硫菌的運作方式：光子一個接一個地進入，在收集光的天線束的某個地方被吸收，每一個天線都包含一種葉綠素（總共有二十萬個分子）。大約一皮秒（一兆分之一秒）之後，捕獲的能量會出現在化學反應中心；為了到達那裡，能量需要穿過類似連接屋頂天線和電視的電纜或導波管的東西（至少在光纖電視出現之前是這樣的）。在光合作用中，電纜的作用是由一種稱為FMO複合體（Fenna-Matthews-Olson Complex）的分子橋負責的，它由八個

相距 1.5 奈米的次單元分子組成，每個次單元也由葉綠素組成，固定在支架蛋白上。光子本身被吸收並消失，但其能量被捕獲（以我稍後將描述的形式）並通過生物學家稱為「基板」（baseplate）的分子結構，進入 FMO 複合體。在那裡，能量被一個 FMO 次單元接收，然後像接力棒一樣在其餘次單元之間傳遞，直到抵達與最重要的「工廠」（反應中心）相鄰的次單元，並在那裡被交出去，為化學反應提供動力。整個過程是一場時間賽跑，要在外界干擾打亂能量傳遞之前，將貨物送達。

整個設定看起來可能有點複雜和混亂，好像很容易有出錯、延遲和「掉棒」的情況。參與其中的所有分子都很龐大、複雜，並且由於熱擾動而搖晃；不難想像一種場面是這些寶貴的能量被辛苦地採集起來並決定送往反應中心，但最終卻被打亂並消散在混亂的中間結構中。但那並沒有發生——能量以創紀錄的速度不受干擾地到達。人們過去認為，這種能量傳輸透過一系列簡單的**跳躍**（或接力傳遞）穿越 FMO 複合體，在分子環境的熱喧囂中，偶然而任意地完成。但對於如此精細的機制來說，這種解釋看起來過於不穩定——這就是量子力學上場的地方了。

為了給出量子解釋的要點，首先讓我解釋一下這種能量的儲存形式。當光子被吸收時，FMO 複合體會從天線分子中釋放出一個電子（這就是熟悉的光電效應），留下一個帶正電的「電洞」。由於電子嵌入在分子晶格中，它不會自由飛出去；相反地，它仍然以非常大的軌道與電洞鬆散地結合。物理學家會描述這個電子是「離域的」，也稱為「激子」（exciton）。激子本身在許多方

面可以表現得像一個量子粒子，具有與波相關的特性，而且正是這種激子——而不是電子本身，穿過了 FMO 複合體。從粒子路徑的角度來看，激子可以採取多種路徑；但如果保持量子相干性，激子會**同時**採取多種路徑。大致上來說，激子能夠一次篩選所有選項，並找出到達反應中心的最佳路線，然後採用這條路徑。我所描述的是一種非凡的惡魔，一種量子超級惡魔，他能夠同時「知道」所有可用路徑，並選擇獲勝的路徑。用更嚴謹的物理學術語來說，FMO 複合體中的多個分子之間會發生建設性的干擾，因此具有相干性的激子可以優化效率，並將能量傳遞到反應中心，然後才消散到分子環境中；激子到達大約需要三百飛秒（一飛秒是兆分之一秒的千分之一）。

為了研究這種複雜機制，柏克萊研究小組在實驗室中使用超快雷射激發 FMO 複合體。他們追蹤能量在分子漩渦中移動的軌跡，並證實某種「量子節拍」效應——量子相干的振盪——確實有助於高速的能量傳輸。

這些實驗的結果完全出乎意料，因為激子精心平衡的舞蹈乍看之下似乎會因熱擾動而遭到破壞。但事實上，量子相干性的維持時間比簡單計算中預測的時間長了一百倍。儘管熱噪音無疑是一個因素，但最近的計算[6]顯示，少量的噪音實際上是有好處的——也就是說，在適當的環境下，它反而可以提高能量傳輸的效率（在本例中是加倍）。而光合作用系統似乎正是演化出了那些「適當的環境」。

植物的光合作用比細菌的光合作用更複雜，目前尚不清楚我

們在後者中發現的量子效應,對於前者是否更重要或更不重要。但是恩格爾和弗萊明的實驗已經證實了,在生物的基本光收集過程中,至少存在一種量子效應輔助的能量傳輸方式。

詭異的鳥類

「鷹雀飛翔,展開翅膀一直向南,豈是藉你的智慧嗎?」
——《約伯記》39 章 26 節

儘管鳥類的導航能力已被非正式地研究了許多世紀,但直到 18 世紀初,鳥類學家才開始進行系統性的紀錄。芬蘭圖爾庫大學醫學教授萊赫（Johannes Leche）指出,西方毛腳燕（house martin）是每年第一批抵達寒冷氣候區的候鳥,平均在 5 月 6 日抵達,其次是家燕（barn swallow）,通常在 5 月 10 日抵達（我從來不知道鳥兒竟然如此準時）。後來,人們透過給鳥戴腳環,利用雷達和衛星追蹤,才加強了對候鳥遷徙模式的直接觀察。今天,我們已經收集了大量有關這一非比尋常現象的資訊,包括一些令人難以置信的數據。例如,北極燕鷗每年可以飛行超過八萬公里,從北極的繁殖地一直遷徙到南極,並在那裡度過北國的冬天。體重僅十二公克的黑頂鶯,會從新英格蘭地區不間斷地飛越大西洋,到達加勒比地區,並在那裡過冬。有些鴿子可以飛行數百公里,順利找到回家的路。

這些鳥類是怎麼做到的？

科學家發現，鳥類使用各式各樣的方法來尋找方向，包括太陽和星星的方向以及當地的視覺和嗅覺線索。但這並不是全部，因為有些鳥類可以在夜間和多雲的天氣條件下成功導航。人們對地球磁場這個可能性特別感興趣，因為它與天氣無關。1970 年代初，對信鴿進行的實驗顯示，在鴿子身上放置一塊磁鐵會影響其正確定位方向的能力。但是，有鑑於地球磁場極為微弱，鳥類究竟如何感知地球磁場？*

許多物理學家聲稱，是量子物理讓鳥類能夠看見場，以便導航。顯然，這種生物體內一定有某種指北針與其大腦相連，以便在飛行中進行修正。追蹤這個指北針並不容易，但在過去幾年裡，一個合理的可能方式已經出現，它依賴量子力學——事實上，是依賴量子力學中最古怪的一個特性。

所有物質的基本粒子都具有一種稱為「自旋」的特性。物體旋轉的概念當然很熟悉，也很簡單，地球本身就在旋轉。想像一下，電子就像一個縮小版的地球，實際上縮小到了一個點，但仍保留著它的自旋。與行星不同的是，每個電子的自旋量、電荷和**質量完全相同**；這是它們共同的基本屬性。當然，電子也在原子內部旋轉，而且它們的速度和方向可能會改變，取決於它們所佔據的原子和能階（軌道）。但我所說的固定自旋特性，是電子固

---

* 原注：幾年前，我的一位物理學同事聲稱，即使矇著眼睛迷失方向，他也能感覺到北方。他將其歸因於探測出地球磁場的能力。據我所知，尚未對人類的這種不尋常能力進行過系統性的測試。

有的性質，其全名毫無意外就是「內在自旋」（intrinsic spin）。

這和鳥類有什麼關係？嗯，電子也具有電荷（它們是典型的帶電粒子，這就是它們被稱為電子的原因）。正如法拉第（Michael Faraday）於1831年發現的那樣，移動的電荷會產生磁場。即使電子沒有從一個地方移動到另一個地方，它仍然在旋轉，而且這種旋轉會在其周圍產生磁場，因此所有的電子其實都是微型指北針。有鑑於電子既有磁性又有電性，它們對外部磁場的反應就像指北針的指針一樣。也就是說，電子會受到外在的場的力，該力會試圖扭轉電子，使兩極與外在的場相反（南北）。然而，還有一個複雜的問題：與指北針的指針不同，電子是旋轉的。當外力作用於旋轉的物體時，它不僅僅是擺動和改變方向，還會影響旋轉，這個過程稱為「進動」（precession）。也就是說，自旋軸本身會繞著施加外力的方向旋轉。熟悉陀螺的讀者會明白我的意思：由於地球引力的作用，陀螺會繞著垂直方向進動。

在這種情況下，一個孤立的電子就算只有受到地球磁力，每秒也會進行大約二千次這樣的進動旋轉。然而，大多數的電子都在原子中被利用，圍繞著原子核不停地旋轉；這時原子內部的原子核和其他電子產生的電場和磁場會淹沒地球微弱的磁場，相比之下，地球微弱的磁場效應根本可以忽略不計。但如果電子脫離了原子，情況就不同了——如果這個原子吸收了一個光子就會發生這種情況。原子的磁性隨著與原子核距離的增加而迅速減弱，因此地球磁場對於電子行為的影響變得相對顯著。也就是說，被彈射出來的電子將以不同的方式旋轉。

鳥的眼睛一直受到光子的攻擊，這正是眼睛的用途。因此，鳥類有機會用脫離眼睛的電子充當微型指北針來導航，但前提是，鳥類必須知道彈射出來的電子呈現何種狀態。受光干擾的電子必須以某種方式發生某種化學反應，才能向鳥的大腦發送有關電子活動的訊號。鳥類的視網膜上充滿了有機分子，研究人員已經將注意力集中在被稱為「隱花色素」（cryptochromes）的視網膜蛋白上；可能就是它完成了前述的工作。[7] 當隱花色素中的電子被光子彈出時，它並不會切斷與它曾經歸屬的分子的所有連結。這就是愛因斯坦「詭異的離域作用」為鳥類發揮效用的地方。電子雖然從原子巢中被彈出，但仍然可以與蛋白質原子中留下的第二個電子保持糾纏，但由於它們處在不同的磁性環境，兩個電子的旋轉會一起失去平衡。這種狀況不會持續很久；留下的電子和帶正電的分子（稱為自由基）是化學作用的突出目標（從糖尿病到癌症等許多疾病的罪魁禍首，都是細胞內肆虐的自由基）。根據鳥類羅盤理論，這些特定的自由基會相互反應（透過重組），或與視網膜中的其他分子發生反應，形成神經傳導物質，向鳥類的大腦發出訊號。這種神經傳遞的反應率，將根據詭異連結的具體情況及其兩個電子不匹配的旋轉而發生變化——也就是地球磁場和隱花色素分子之間角度的直接函數關係。因此，從理論上來說，鳥類實際上可能看得到印在它視野中的磁場。多麼好用啊！

有什麼證據可以支持這個詭異的糾纏故事嗎？確實有。法蘭克福大學的一個研究小組對從北歐遷徙到非洲的圈養歐洲知更鳥進行了實驗，結果顯示，牠們的測向能力確實取決於環境中光的

波長和強度，因此光激發電子的現象得到了證實。[8] 實驗顯示，鳥類在決定飛行方向時，會結合視覺和磁性數據。研究小組也曾嘗試將環境磁場的強度加倍；這最初會擾亂鳥類的方向感，但這些聰明的小動物在大約一小時內就解決了這個問題，並以某種方式重新校準了牠們的磁性裝置來修正。

真正的決定性關鍵來自加州大學歐文分校的里茨（Thorsten Ritz）所做的實驗，他用射頻（MHz）電磁波轟擊鳥類。當他向與地球磁場平行發射波時，沒有產生效果；但當他朝向與地球磁場垂直的方向發射電磁波時，鳥兒就開始感到困惑。[9] 結合許多具有不同頻率和環境光條件的實驗結果，可以發現鳥類的這種能力存在一種共振現象。這是一種常見的現象，即系統吸收的能量在某個頻率下達到峰值，例如，當歌劇演員在唱出對的音高時，可以用聲波震碎一個酒瓶。如果量子解釋正確的話，共振正是人們預期中的答案，因為無線電波被調諧到有機分子的典型躍遷頻率上，可以干擾詭異糾纏中非常關鍵的形成方式。

量子鳥類學時代已經來臨！

量子惡魔在你的鼻子裡

嗅覺是生物量子惡魔運作的絕佳例子。即使是嗅覺能力不強的人，也能分辨出許多不同的氣味。技藝精湛的調香師（業界稱為「鼻子」）可以辨別數百種細微不同的香味，其辨識力堪比品酒大師。

這是如何運作的？基本故事是這樣的。鼻子內部有大量的分子受體——具有多種不同特定形狀的腔室。如果空氣中的分子與受體具有互補的形狀，它就會與相應的受體結合，像鎖和鑰匙一樣。一旦對接過程發生，就會向大腦發送信號：「香奈兒5號！」，諸如此類。當然，我簡化了一點：氣味辨識通常需要結合幾個不同受體的訊號。不過，很明顯的，嗅覺受體的行為類似典型的馬克士威惡魔，它們根據分子形狀（而不是速度——但基本想法一樣）對分子進行非常精確的分類，並拒絕其餘分子，從而過濾和傳遞資訊到大腦，以求生存（不可否認，香奈兒的情況可能並非如此，但檢測煙霧可能符合這種情況）。

然而，簡單的鎖和鑰匙模型顯然是有缺陷的。大小和形狀相似的分子可能會產生截然不同的氣味。相反地，非常不同的分子可能會有相似的氣味，讓一切顯得十分神祕。證據顯示，這之中存在著更精細的辨別能力，相當於一個感官更敏銳的惡魔。有一個很舊的觀點——事實上已經存在幾十年了，主張除了分子的大小和形狀之外，它的振動特徵也可能發揮作用。分子能夠（而且確實會）擺動（記住，有熱擾動存在），就像樂器透過特定的諧波混合產生獨特的音調一樣，分子的振動模式也是如此。因此，受到熱衝擊的空氣分子將顫動著到達其位於鼻腔內的對接站，而設計來「接收振動」的受體將提供一種支持性的額外辨別能力。這些運作細節我們仍不清楚，直到1996年，當時就職於倫敦大學學院的圖林（Luca Turin）提出，量子力學可能在其中發揮了作用；具體來說，就是某個電子從氣味分子透過量子穿隧到達受體。[10]

圖林指出，穿隧的電子與氣味分子的振動狀態會是耦合的（這是分子物理學中的常規機制），而且，受體分子中的電子能階與氣味分子的特定振動頻率也會互相協調。穿隧的電子透過吸收振動中的能量量子（物理學家稱之為聲子——聲音的量子），將其能量傳遞到受體。如果電子的能量與受體的能階結構相匹配，就會形成穿隧，然後用個比喻性的說法，鼻子就會亮起一道光。

圖林的想法是嗅覺科學的一大躍進，並解釋了氣味中令人費解的相似性和差異性問題——一切都歸結於振動模式，而不是分子的形狀。這個理論還具有可測試的優勢。一種檢查方法是嘗試改變氣味分子的振動模式，同時保持其化學性質（以及形狀）不變。這可以透過用各種原子取代它們的同位素來實現。例如，氘的原子核是由一個質子和一個中子組成，其重量約為普通氫的兩倍，但化學性質相同。將氫原子替換為氘原子將保持分子形狀不變，但會以明顯的方式改變振動頻率：在相同能量下，較重的原子移動得更慢，因此振動頻率較低。實驗似乎證實了氘化分子會改變氣味，但這個結果多年來仍存有爭議和模糊地帶。最近，圖林用果蠅做了實驗，發現牠們能夠區分含氫的氣味分子和含氘的氣味分子。實驗人員訓練昆蟲避開氘化分子，並發現蒼蠅也會避開一種振動模式與氘化分子氣味相符的無關分子。這些實驗支持了這樣的理論：振動訊息的量子穿隧效應，至少是蒼蠅嗅覺的關鍵。

量子生物學將繼續存在

「在近一個世紀的時間裡，量子力學就像卡巴拉祕法。但今天，很大程度上是因為量子計算，薛丁格的貓已經暴露行蹤，而我們所有人都被迫面對潛伏在當前世界局面中的指數級野獸。」

—— 阿倫森（Scott Aaronson）[11]

波耳曾經說過，任何對量子力學不感到震驚的人，都沒有真正理解它。量子力學確實令人震驚。量子力學雖然出色地解釋了物質，卻粉碎了現實。「量子」和「怪異」（weird）這兩個詞會不可避免地連在一起。怪異的地方像是同時出現在兩個地方，或被傳送穿過屏障，或是造訪平行世界——這些事情如果發生在日常生活中，將是極為古怪的。但它們在原子和分子的微觀世界中卻無時無刻都在發生。既然有這麼多的量子魔法存在，你可以預期，生命也會參與其中。而事實確實如此！正如我在本章中所描述的，在過去幾年中，一些重要的生物過程已被證明表現出明顯的量子怪異現象。它們給出了誘人的暗示：量子魔法可能存在於生命的各個層面中。如果量子生物學不只是一些離奇的現象，它就可以像分子生物學在過去半個世紀中所做的那樣，深刻地改變了對於生命的研究。

當薛丁格在都柏林發表他著名的演講時，量子力學才剛剛取

得了顯著的突破。它可以解釋許多非生命物質的特性——此外，當時的許多物理學家認為，量子力學夠強大、夠怪異，肯定也能夠解釋生命物質。換句話說，人們希望量子力學，或者可能一些尚待研究的新的「後量子力學」，嵌入了一種迄今為止因生命物質的複雜性而未被發現的「生命原理」。薛丁格在演講中確實利用了量子力學的一些常規技術成果，來解決生物資訊如何以穩定形式儲存的問題，但他並沒有試圖援引我所描述的那種怪異的量子效應，來解釋生命的顯著特性。

在隨後的幾十年裡，很少生物學家關注量子力學，大多數的人已經滿足於使用經典的球棍化學模型來解釋生物學中的一切。但在過去幾年中，人們對量子生物學的興趣大幅提升，只是有些過於誇張的說法使得這個主題的可信度受到了質疑。**關鍵問題是**，如果生命物質中確實存在著複雜的量子詭計，那這些現象究竟只是離奇的異常現象，**還是**包含了**所有**生命重要過程的量子冰山一角？我所描述的案例研究，絕非涵蓋所有已研究過的可能的量子生物效應。從我在本章中給出的曲折解釋中可以看出，根本問題是生物極為複雜。在這種複雜性中，有足夠的空間隱藏微妙的量子效應，但相反的，也有足夠的空間讓簡單的量子理論模型對人造成誤導。

證明量子生物學的困難在於，「量子」和「生物學」這兩個詞描述的領域互相衝突。量子效應在孤立、冷、簡單的系統中最為明顯，而生物則是溫暖而複雜的，有許多部分進行強烈的交互作用。量子力學是關於相干性的——而外界干擾是相干性的大

敵。但正如我在前面章節中所解釋的,生命喜歡噪音!生物惡魔利用熱能來創造和移動。生命物質充滿騷動;分子不斷地旋轉、相互碰撞、相互連結、相互震動、交換能量,然後重新組合自己的形狀。在生物體內,這種混亂是無法避免的,但只有在物理實驗室這種嚴格控制的環境中可以實現量子相干性。儘管如此,仍然存在一個肥沃的中間地帶,其中噪音和量子相干性共存的時間夠長,而得以發生對生物有用的事。[12]

量子生物學不僅在解釋生命方面很有意義,還可以給量子工程師一些非常有價值的技巧。今天,量子工程的主要焦點是量子計算。請考量一下這個數據:一台僅具有兩百七十個糾纏粒子(糾纏=詭異的連接)的量子電腦可以發揮的資訊處理能力,比我們以傳統電腦架構(位元操作)所能處理的整個可觀測宇宙更大。這是因為,量子電腦的功率會隨著糾纏組件的數量呈指數成長,因此僅兩百七十個糾纏的亞原子粒子,就具有 2^{270} 種狀態,相當於 10^{81}(相較之下,宇宙中有 10^{80} 個原子粒子)。如果可以操縱這些狀態,將產生神一般的計算能力。如果微小的粒子集合就有能力處理難以想像的大量訊息,那麼我們難道不會預期,在自然界的某個地方,可以看到這種處理過程的體現嗎?顯然,我們要研究的領域就是生物學。

幾年前,有人聲稱執行遺傳密碼的分子機制可能是一種量子電腦。[13] 儘管幾乎沒有證據顯示 DNA 可以執行真正的量子計算,但它可能具有某種形式的量子增強訊息處理機制。馬克士威惡魔透過將隨機熱活動轉換為儲存資訊的位元,而避開了熵和第二定

律的退化效應。那麼，量子馬克士威惡魔同樣可以避開會破壞量子相干性的熱效應，將隨機的外部雜訊轉換為儲存資訊的量子位元。如果生命演化出了這樣的「惡魔」，能夠保持量子相干性夠長的時間，讓遺傳機制可以操縱儲存的量子位元，那麼就可以顯著地加快資訊處理速度。即使是微小的提升也會帶來優勢，並被演化所選擇。

很久以前，當我在思考量子計算的深奧之處時，突然出現了一個奇怪的想法：很難想像任何非生命的、自然發生的系統進行量子計算。我不禁問自己，如果生命沒有利用這種指數級資訊處理能力的機會，那麼為什麼仍然存在這種可能性？如果大自然在宇宙的任何地方都沒有利用過資訊能力，那麼為什麼物理定律所擁有的資訊能力，會超越香農的想像呢？難道大自然將這尚未開發的資訊潛力埋藏了一百三十八億年，只等著人類工程師去利用嗎？

我完全有意識到自己剛才寫的內容根本就不是什麼科學論點；這是一個哲學問題（有些人可能會說是神學問題）。我提出這個問題是因為，根據我身為理論物理學家的經驗，我發現，如果完善的物理理論預測某件事是可能的，那麼大自然似乎一定會利用它。我們只需想一下希格斯玻色子，它在1963年被理論預測到，然後在2012年被發現確實存在；其他例子還包括反粒子和歐米茄負粒子。在所有情況下，自然界中都有適合這種東西的明確位置，而且它們確實就在那裡。當然，有許多推測性理論所做的預測並非經過實驗證實，因此我的論點的可靠性完全取決於相關理

論的可靠性。但量子力學是我們最可靠的理論，它的預測幾乎從未受到質疑。量子力學在指數級的、神一般的資訊管理系統中，佔有一席之地；難道大自然會忽略這個可佔據的位置嗎？我不這麼認為。

6 幾乎是個奇蹟
Chapter　Almost a Miracle

「生命有多奇妙？答案是：非常。我們這些研究化學反應網路的人，從未見過這樣的事。」

——懷特賽茲（George Whitesides）[1]

從湍流和雪花等日常系統，到星雲和螺旋星系等宏大結構，宇宙充滿了複雜性。然而，有一類複雜系統——生命——尤其引人注目。在都柏林的演講中，薛丁格認為，生命「逆轉熱力學第二定律趨勢」的能力是一種決定性特質。生物體透過收集、處理資訊，並將其導向有目的性的活動，實現了這項打破熵值的壯舉。生命透過將資訊模式與化學反應模式結合，並利用惡魔來達到非常高的熱力學效率，從分子混亂中召喚出相干性和組織性。科學界尚未解答的最大問題是，這種獨特的安排一開始如何產生。

生命是如何開始的？由於生命物質既有硬體又有軟體（化學和資訊），因此其起源問題就顯得加倍困難。一個有趣的歷史巧合是，就在克里克和華生關於DNA雙股螺旋結構的著名論文在《自然》上發表三週後，1953年5月15日的《科學》（*Science*）

刊登了一篇由一位鮮為人知的化學家米勒（Stanley Miller）撰寫的文章。論文標題為〈在可能的原始地球條件下生產氨基酸〉，這篇文章隨後被譽為在實驗室中重現生命的先驅。[2] 米勒把常見氣體和一些水的混合物放入燒瓶中，然後通電一週，結果產生了棕色汙泥。化學分析顯示，這個簡單的過程成功製造出了生命所需的一些氨基酸。看起來，米勒只靠一瓶氣體和一對電極，就邁出了漫長生命之路的第一步。這兩篇論文的結合——一篇有關生命的巨大訊息分子，另一篇有關其簡單的化學構成要素，巧妙地象徵著生物學的核心問題：先有複雜的有機化學，還是先有複雜的訊息模式？或者，它們是以某種方式同步協調彼此的存在？單靠化學顯然不足以解釋生命；我們還必須解釋有組織的資訊模式的起源。這不只是資訊：我們還需要知道邏輯運算是如何從分子中產生，包括數位資訊的儲存和運算編碼的指令，因為它們暗示了語義內容。語義訊息是更高層次的概念，在分子層次上根本沒有意義。無論化學多麼複雜，它本身都無法產生遺傳密碼或有脈絡的指令。要求化學解釋編碼資訊，就像期待電腦硬體編寫自己的軟體一樣。要充分解釋生命的起源，需要更好地理解資訊的流動和資料儲存的組織原理，以及它與化學網路的耦合方式，這套原理還要足夠廣泛以涵蓋生物和非生物領域。然而最重要的問題是：這些原理可以從已知的物理學中推導出來，還是我們會需要一些全新的東西？

第六章　幾乎是個奇蹟

一開始……

　　克里克曾經描述生命的起源：「幾乎是一個奇蹟，因為要使生命開始，需要滿足如此多的條件」。[3]的確，生命看起來越「奇蹟」，就越難弄清楚它是如何開始的。1859年，達爾文的巨著《物種原始》首次出版。在書中，他精采地描述了生命在數十億年間，如何從簡單的微生物演化到如今地球生物圈的豐富和複雜。但他顯然忽略了生命最初是如何開始的問題。在寫給朋友的信中，他打趣地說：「人們不妨推測一下物質的起源。」[4]直到今天，除了或多或少瞭解大霹靂中物質的起源，我們並沒有在其他方面取得太大的進展。我希望我之前的章節已經讓讀者相信，生命不只是種古老的現象，而是一種真正特別而奇特的東西。那麼，我們要如何解釋從非生命到生命的**轉變**呢？

　　生命起源之謎其實是三個問題的綜合：生命在何時、何地、如何開始的？讓我先處理一下時間的問題。化石紀錄可以追溯到大約三十五億年前的地質時代，即所謂的太古代。如此古老的岩石很難找到，更不用說在其中發現任何化石了。然而，一塊太古代燧石露頭已經得到了深入的研究。它位於澳洲西部的皮爾巴拉地區（Pilbara），從黑德蘭港鎮開車進入叢林大約需要四個小時。這裡地形崎嶇，植被稀疏，河床大部分是乾涸的，易發生山洪。這裡的山丘呈現出濃郁的紅色，其中的岩石露頭蘊藏著古代微生物活動的重要痕跡。對這些岩石進行年代測定顯示，我們的星球在形成後的十億年內就已經擁有原始的生命

形式。最有說服力的證據,來自一種稱為疊層石的奇特地質特徵。它們看起來像一排排的波浪線或小駝峰,裝飾著裸露的岩石表面。如果解釋正確的話,那麼這些特徵是三十五億年前微生物覆蓋的丘塭遺跡,這些丘塭是由一代又一代的微生物群落,將顆粒狀物質層層堆積在裸露的表面上所形成的。如今,地球上只有極少數地方可以看到類似的疊層石結構以及其中活生生的微生物居民。大多數的地質學家確信,皮爾巴拉疊層石(以及世界各地其他較年輕的岩石)是類似的微生物化石遺跡,可以追溯到遙遠的過去。同一個皮爾巴拉地質構造中也包含其他的生命跡象,例如古老的珊瑚礁系統遺跡和一些推測是其他個體的個別微生物化石。僅從形狀上很難看出這些「化石」不只是岩石上的痕跡;因為任何的有機物質早已消失。然而,最近有關生物成因的解釋得到了進展。[5] 地球上約有1%的碳以較輕的同位素 C^{12} 的形式存在。生命偏好這種較輕的碳,因此化石的 C^{12} 含量通常會額外高一些。對皮爾巴拉岩石的分析顯示,碳同位素比(carbon isotope ratio)與這些痕跡的物理形狀相關,不同微生物物種的化石就有不同的呈現。這樣的結果很難從非生物的角度來解釋。

皮爾巴拉的證據告訴我們,地球在三十五億年前就已經出現了生命,但並沒有提供太多線索來說明生命真正開始的時間。所有更古老的生物活動痕跡,可能都被正常的地質過程,以及大約三十八億年前的大型小行星轟擊所抹去——正是這次轟擊使月球表面出現了隕石坑。問題在於,我們缺乏更古老的岩石。

格陵蘭島有一些可追溯到三十八億年前的遺跡，其中有生物改良的跡象，但這並不是決定性的證據。儘管如此，地球本身只有四十五億年的歷史，因此生命至少存在於其歷史中80％的時間裡。

生命從哪裡開始？

起源問題的時間至少可以界定，但猜測生命最初出現在何處，卻困難得多。我指的不是緯度和經度本身，而是地質和化學環境。

首先要說的是，沒有令人信服的證據顯示陸地生命起源於地球。它可能是從其他地方出發，然後以現成的形式到達地球。例如，它可能是從火星開始；大約三十五億年前，火星比今天更溫暖、更濕潤，更像地球。從某些方面來看，火星為前生物化學提供了更有利的環境。例如，小行星轟擊的影響可能沒那麼嚴重，而且這顆紅色星球的化學組成更適合推動新陳代謝。顯然，生命必須有一種從火星傳播到地球的方法，事實也確實如此。小行星和彗星的轟擊在太陽系形成早期非常嚴重（但從未完全停止過），能夠將大量岩石炸入太空，其中大部分進入太陽的軌道。噴出的火星岩石中，有一小部分最終會落到地球（反之亦然，地球的岩石也會落到火星）。世界各地都有收集到像隕石墜落的火星岩石；我的大學就有好幾個。在我們星球的歷史上，已有數兆噸的火星物質來到這裡。只要微生物藏身於岩石中，就能夠承受外太空的惡

劣條件。穿越行星間空隙的最大危險是輻射，但即使是一塊中等大小的岩石，也可以屏蔽大部分的輻射。據估計，一些具有抗輻射能力的微生物可以在太空岩石中存活數百萬年，這麼一來就能夠輕鬆到達地球並播下火星生命的種子。同樣的情景反過來也成立：有生存能力的地球微生物也可以到達火星。這意味著，地球和火星並不互相隔離──微生物的交叉汙染可能在整個歷史中一直存在。這使我們很難確定地球上的生命是起源於這裡，而不是火星。生命也有可能是從金星抵達地球，但可能性較小。金星現在對生命非常不利，但數十億年前可能更適合生命生存。有些團體則重視另一種可能性，即生命最初是在一顆彗星中孕育的，然後透過直接撞擊而來到地球，或者更可能是透過彗星近距離落下的彗星塵埃而來到地球。

　　將生命的搖籃從地球轉移到其他地方，對於更重要的問題並沒有進展：什麼樣的地質環境有利於生命的誕生。大家所熟知的場景包括深海火山口、乾涸的潟湖、海底岩石的孔隙⋯⋯這個名單很長。唯一能讓每個人都同意的，大概是氧氣會是一個令人沮喪的因素。如今，複雜生物體的新陳代謝需要氧氣，但這是後期的發展。大約二十億年前，地球上的大氣中自由氧非常少，直到最近十億年才達到目前的水準。呼吸氧氣的感覺可能很好，但氧是一種高活性物質，會攻擊和分解有機分子。有氧生命已經演化出各式各樣的機制來應付它（例如抗氧化劑）。即便如此，活性氧分子仍會經常損害 DNA 並導致癌症。在談到生命的起源時，自由氧是一種威脅。

第六章　幾乎是個奇蹟

生命的必需元素當然包括氧，但也包括氫、氮、碳、磷和硫。真正不可或缺的元素是碳，它是所有有機化學的基礎，由於它可以形成無限多種複雜分子，因此是種理想的選擇。化學家想像，生命的最初階段發生在碳供應充足的地方（例如二氧化碳），而且還要有氫，可能是遊離形式的氫，或是組成甲烷或硫化氫。一個流行的說法是位於海底火山口附近，那裡有充足的硫磺供應，而且岩石表面可以提供各種可能的催化劑。科學家之所以把注意力集中在這樣的地方，是因為在深海噴口附近發現了豐富的生態系統，這些地方非常靠近從火山深處噴出的滾燙高壓流出物。在這裡，食物鏈底層的初級生產者是嗜熱微生物，被稱為「超嗜熱菌」（hyperthermophiles）；據發現，其中一些不怕死的生物在 120℃ 以上的水中也能茁壯成長（由於巨大的壓力，水在這種溫度下不會沸騰）。沒有人預期能在黑暗的深處發現生命，更不用說是在火山附近的高壓條件下。令人驚訝的事不止如此，近幾十年來，生物學領域最令人驚奇的一個發現是，生命並不局限於地球表面或海洋，還延伸到地下深處，包括陸地和海床之下。這個地下生物圈的全部範圍仍有待繪製，但已發現有微生物生活在地下幾公里的岩石內（第二章中的南非嗜極生物就是一個例子）[*]。

　　關於生命是否**起源**於地殼深處，還是生命先在地表上出現後才滲入地下（或可能是從火星來到地表），一直存在著激烈的爭論。基因定序顯示，超嗜熱菌佔據著生命樹的最深、也是最古老的分

---

[*] 原注：當天文物理學家戈爾德（Thomas Gold）在 1980 年代末提出可能存在一個深而熱的生物圈時，他得到的只有嘲笑。但他完全是正確的。

支，這顯示，耐熱性是陸地生物一個非常古老的特徵，但這不一定意味著第一批生物是超嗜熱菌。生命可能起源於某個較冷的地方，然後逐漸多樣化，有些微生物演化出了必要的熱損傷修復機制，使它們能夠在炎熱的地下或靠近海底熱泉的海床上定居。因為在早期的小行星轟擊事件中，可能包括很大的物體撞擊，大到使大面積的地表（如果不是整個星球）受到足以滅菌的高溫衝擊，導致只有喜熱的地下微生物才得以倖存。這麼一來，它們代表的就是遺傳瓶頸，而不是最早的生命形式代表。我們至今還無法知道確實的答案。

繼1953年米勒做出開創性的嘗試之後，科學家憑藉對化學環境（無氧！）的基本概念，花了幾十年時間，試圖在實驗室中重現可能解釋生命的漫漫旅程上第一步化學反應的條件。之後，人們進行了許多前生物的合成實驗，但說實話，儘管科學家富有奉獻精神和創造力，但這些實驗並沒有取得太大的進展。按照生物分子複雜性的標準，這些嘗試幾乎無法取得突破。

有關在實驗室中培育生命的努力不太可能解開生命起源的謎團，還有一個更根本的原因。正如我在本書中所強調的，生命的顯著特徵是它能夠以有組織的方式儲存和處理資訊。當然，生命也需要複雜的化學反應；有機分子是生命發揮軟體功能的基礎。但這只是故事的一半——硬體的那一半。顯然，從非生命到生命存在著一條化學途徑，即使我們對它到底是什麼知之甚少，但實際的化學步驟可能不像真正關鍵的轉變那麼重要，真正關鍵的轉變是從早期的分子混亂，到有組織的資訊管理。這是怎麼

發生的？

生命是如何開始的？

我把最難的問題——生命是如何開始的，留到最後來談。簡短的回答是，沒有人知道生命是如何開始的！更糟的是：甚至沒有人知道如何估計發生這種情況的機率。但很多事情都取決於答案：如果生命的開始很容易，那麼宇宙中就應該充滿生命。此外，如果地球生命是宇宙的產物，而宇宙的基本定律中又包含某種形式的生命原理，那麼人類在浩瀚的宇宙體系中的地位相比於「我們是一次異常化學事故的產物」，將有著天壤之別。

正如我所提到的，關於從非生命到生命的道路，一個基本的未知數是，它是否是一段漫長而穩定的跋涉——沿著前生物時代的不可能之山前進，還是斷斷續續地進行，在長期的停滯中被向前（或在這個比喻中是向上）的巨大飛躍打斷。鑑於不可能之山的高度令人難以置信，化學混合物不可能在山腳下站穩腳跟而不會再次滑落。在系統等待下一步時，必須有某種棘輪來鎖定已取得的進展，並限制損失。但是像這樣的想法看起來雖然很合理，卻遇了目的論的問題。化學湯不知道它正在試圖創造生命——化學湯根本什麼都不知道，所以它不會為了避免熱力學第二定律的破壞，採取行動來保護得來不易的複雜性。化學「努力」實現生命的情景，顯然是荒謬的。一旦生命開始，就不會再發生同樣的問題，因為天擇可以逐步推動進展，而DNA可以將其鎖定。但不

受天擇篩選的化學無法採用這種機制。*

　　發展倒退的問題困擾著幾乎所有關於生命複雜化途徑的研究。有許多巧妙的實驗和理論分析，證明了化學混合物中會自發性地形成複雜性，但他們都遇到了同一個問題：接下來會發生什麼？化學高湯如何在一些自發出現的複雜性基礎上，逐漸發展成更複雜的東西？如此不斷循環，直到抵達前生命時期不可能之山的頂峰？最有希望擺脫這種束縛的，是對「自催化」化學循環的研究。概念是，某些分子，例如 A 和 B 發生反應，然後生成其他分子 C；而這些分子 C 恰好可以充當催化劑，加速 A 和 B 的生產。因此就出現了一個回饋循環：分子群催化自身的生產。擴大規模後，可能會出現一個龐大的有機分子網路，形成一個準穩定的自催化系統，其中有許多相互關聯的回饋循環，結合形成一個可以自我維持、穩健且錯綜複雜的反應網路。這用言語很容易表達，但真的有這樣的化學系統嗎？是的。它們被稱為生物體，而且具備上述所有的特徵。但現在我們卻在兜圈子──因為我們想確定的是，所有這些奇妙的化學反應在生命出現之前是如何發生的。我們不能自己將解決方案放入我們試圖解決的問題中，然後聲稱問題已經解決了。

　　而且問題比我所描述的還要困難。生命資訊的標誌之一，是

---

* 原注：所謂的「分子達爾文主義」有著悠久的歷史，其中「裸」分子能夠以不同的效率進行複製，而天擇會篩選出最好的分子。所謂 RNA 世界理論就屬於這一類。雖然這些研究具有啟發意義，但它們非常人為，需要精心管理的人為介入（例如準備材料、進行選擇），才能完成任何事情，它與自然界的相關性尚不明顯。

它使用數學代碼管理數位資訊的方式。回想一下，字母（A，G，C，T）三聯體代表用於製造蛋白質的二十多種工具包中的特定氨基酸。從 DNA 傳輸到蛋白質組裝機制（核醣體、tRNA 等）的編碼指令，都是香農的訊息理論發揮作用的典型例子，其中指令扮演著訊息的角色，而通訊管道是細胞充滿水的內部，至於噪音則是訊息傳遞途中對 mRNA 造成的熱或化學突變損傷。

對於我們所知的生命起源的解釋，必須包括這種數位資訊管理系統的起源，尤其是解釋密碼的起源（它不一定是已知生命使用的實際密碼，但需要解釋某種密碼的起源）。這是一個非常棘手的問題，生物化學家庫寧（Eugene Koonin）和諾沃日洛夫（Artem Novozhilov）將之稱為「遍及演化生物學中最艱鉅的問題」，這個問題「如果不把對編碼原理起源的理解，以及體現編碼的翻譯系統結合起來，我們所知將仍是一片空白」。他們認為這個問題短期內不會獲得解決：

總結密碼演化研究的最新進展，我們不得不抱持相當多的懷疑態度。看起來，在分子生物學誕生之初的五十多年前，這個雙重的基本問題就已經被提出：「遺傳密碼為什麼是這個樣子？它是如何產生的？」這個問題可能甚至在五十年後仍然是個重要問題。令人欣慰的是，我們想不出生物學中比這更基本的問題了。[6]

長期以來，生物學家對密碼的起源深感困惑，這是肯定的。

有一個流行的解釋是，原始生命並不使用密碼，我們今天所擁有的密碼系統代表了一種軟體升級，這種升級是在天擇開始後演化而來的。所謂的RNA世界理論就是沿著這樣的思路發展起來的。自從1982年發現RNA既可以儲存訊息，又可以催化RNA化學反應（效果不如蛋白質，但可能足以通過審查）以來，生物化學家一直想知道RNA湯是否能夠自行「發現」具有變異和選擇的自我複製，然後蛋白質之後才跟著出現。然而，即使這種解釋是正確的，也幾乎不可能估計這種情況在一個星球上發生的機率。不難想像，這種可能性是極小的。

　　五十年前，生物學家的主流觀點是，生命的起源是化學上的一個偶然事件，其中涉及一系列整體發生機率非常低的事件，以至於這種序列不太可能在可觀測宇宙的任何其他地方重現。我先前已經引用過克里克的話，但與他同時代的法國人莫諾（Jacques Monod）批評了這種觀點；他認為生命在某種程度上是在「等待時機」，只要條件允許，就會爆發。他將科學家的主流觀點總結如下：「宇宙中並未孕育生命，」因此「人類最終認識到，在茫茫無邊的宇宙中，人類是孤獨的，人類的出現純屬偶然。」[7] 辛普森（George Simpson）是戰後偉大的新達爾文主義者，他認為SETI（Search for Extraterrestrial Intelligence，尋找地外文明計畫）是「一場與歷史最不利的賭注」。[8] 莫諾和辛普森等生物學家提出悲觀的理論，所根據的是這件事：生命機制在許多具體方面都極為複雜，因此難以想像它會因偶然的化學反應而多次出現。在1960年代，任何人只要宣稱相信任何形式的外星生命，更不用說外星

智慧生命，都無異於科學生涯上的自殺。那種人或許也會相信小仙子的存在。然而到了1990年代，氛圍改變了。例如，諾貝爾獎得主生物學家德·杜夫（Christian de Duve）將宇宙描述為「生命的溫床」。他堅信生命會在任何有機會出現的地方出現，他將之稱為「宇宙的必然結果」。[9]而在目前流行的觀點中也經常提到外太陽系有大量適宜居住的行星。可以參考美國國家航空暨太空總署（NASA）天體生物學研究所前所長沃特克（Mary Voytek）所表達的觀點：「所有其他行星都圍繞著所有其他恆星運行，因此不可能想像生命不會出現在其他地方。」[10]好吧，這不僅是可能的，而且實際上相當容易想像。例如，我們假設從非生命到生命的**轉變**涉及一百個化學反應的序列，每個反應都需要特定的溫度範圍（例如，第一個反應需要在5-10℃，第二個反應需要在20-30℃之間，依此類推）。也許這種**轉變**還需要嚴格的壓力、鹽度和酸度範圍限制，更不用說大量的催化劑。在可觀測宇宙中，可能只有一顆行星能夠滿足做這種幻想所需的條件。我的結論是：**適宜居住**並不代表**有人居住**。

　　為什麼現在尋找地球之外的生命是在科學上是值得尊敬的，但在半個世紀前甚至連談論都是禁忌？毫無疑問，如此多太陽系外行星的發現為天體生物學提供了巨大的動力。然而，儘管在60年代，我們還沒有發現太陽系外行星，但大多數的天文學家仍然推測它們存在。天體生物學家現在提出的另一個觀點是，在太空中發現了有機分子，證明生命的「原料」豐富散布在整個宇宙中。情況或許如此，但是，簡單的**構成要素**（例如氨基酸）

與代謝、可複製的細胞之間,存在著巨大的複雜性鴻溝。跨越這一鴻溝的第一小步可能已經在太空中邁出,但這一事實幾乎無關緊要。目前,對地外生命持樂觀態度的另一個原因是,人們意識到,某些類型的生物可以在比過去所知的更廣泛的物理條件下生存,這為火星上的生命等可能性開創了前景,並擴展了「類地」行星的一般定義。但這最多只能使生命存在的籌碼增加兩到三成。與此相反的觀點是,任何特定的複雜分子由一堆構成要素隨機組裝而成的機率都非常非常小。我的結論是,我們幾乎完全不知道生命是如何開始的,因此試圖估計生命發生的機率,也是白費力氣的。對於不知道的過程,你根本無法確定其機率!對於是否能找到地外生命,我們無法抱持任何信心,完全沒有。

還有一個關於生命無所不在的論點,確實有些說服力。薩根(Carl Sagan)曾經寫道,「生命的起源一定是一個高度可能的事;只要條件允許,生命就會出現!」[11] 確實,在我們的星球變得適宜生命生存之後不久(從地質學角度而言),生命就在地球上出現了。因此,薩根推斷,它必定出現得相當迅速。不幸的是,薩根的結論不一定成立。為什麼?這麼說吧,如果生命沒有迅速開始的話,在地球因太陽持續升高的熱量而被烤焦、變得不適合居住之前,就沒有時間演化出智慧生命(大約八億年後,太陽會變得非常熱,連海洋都會沸騰)。簡而言之,要不是生命能夠迅速發展,我們今天就不會在這裡討論它。因此,鑑於我們在這個星球上的生存依賴於這裡生命的形成,那麼地球生命的起源完全有可能是極端的異常現象,一次巨大的偶然。

在實驗室裡創造生命

　　有時候會有人提出，如果我們能在實驗室中創造出生命，就能清楚地證明生命並非偶然，而是可以輕鬆啟動的。媒體報導經常給人一種誤導性的印象，即生命**已經**在實驗室中被創造出來，並常常帶有道德性的潛台詞，即以這種方式「扮演上帝」可能會招致科學怪人式的報應。例如 2010 年 5 月 20 日，英國《每日電訊報》（*Telegraph*）刊登了一篇頭條新聞，稱「科學家凡特首度在實驗室中創造生命，引發了『扮演上帝』的爭論」。這是一種嚴重的誤導，根源在於「創造」這個含糊不清的術語。從某種意義上說，人類幾個世紀以來一直在創造生命，最明顯的例子就是狗。狗是狼經過幾代雜交和精心選擇而產生的人工動物，兩萬年前有狼，但是沒有大丹犬或吉娃娃。近年來，基因移植等基因工程技術已能夠創造出許多新生物，包括各種基因改造食品。而一種稱為 CRISPR 的新技術已經能夠大致地改寫基因序列。凡特和他的同事所做的事非常出色，理應引起人們的注意；他拿了一種簡單的細菌（生殖道黴漿菌，*mycoplasma genitalium*），並用定製版本的 DNA 替換其 DNA。換句話說，凡特保留了幾乎所有的硬體（細胞），只更換了軟體（DNA）。黴漿菌很樂意啟動新的軟體，並運行經過重新設計的遺傳指令；這種新生物被命名為「實驗室黴漿菌」（*mycoplasma laboratorium*）。這相當於購買一台電腦，然後重新安裝你自己的作業系統版本，在裡面添加經過設計師修飾的版本。這是否就等於創造了一台電腦？不見得。在實驗室中創造

生命這種隨意的言論，混淆了化學與資訊、硬體與軟體。重點在於，重新設計現有的生命（凡特所做的事），與從無到有創造生命，兩者根本有如天壤之別。

偶爾有媒體報導稱這項更宏偉的目標已經近在眼前。2011年7月27日，《紐約時報》(The New York Times) 以戲劇性標題：「它還活著！它還活著！也許就在地球上」，指出「少數化學家和生物學家」正在利用現代遺傳學工具，嘗試產生科學怪人式的火花，以跨越無生命物體與生命物體之間的鴻溝。他們說，試管中的化學物質即將出現生命，這一天即將到來。這個報導算得上準確。然而，上述實驗中對生命的定義非常鬆散，那指的是一種能夠自我複製、偶爾發生錯誤（突變）的分子混合物。從化學角度來看，這項研究工作無疑是一項傑出的成就，為生命的複雜拼圖提供了有用的一塊。但是，實驗者率先承認的是，他們的分子複製系統與可以自主存在的活細胞大相逕庭。

根本的問題不在於這些實驗的組件是否簡單，而是更深層的因素。即使要取得目前宣布的微小成功，也需要特殊的設備和技術人員、需要經過純化和精煉的物質、需要對物理條件精細確實的控制——以及龐大的預算。但最重要的是，它需要一位明智的設計師（即一位聰明的科學家）。有機化學家必須對要製造的實體有一個先入為主的觀念。我並不是要貶低參與科學家的才華或合成生物學領域的光明前景，只是要降低這些實驗與生命自然起源的相關性。天體生物學家想知道的是，在沒有精密設備、淨化程序、環境穩定系統，尤其是在沒有明智設計師的情況下，生命是

如何開始的。結果很可能是，生命確實很容易在實驗室中誕生，但在大自然骯髒和不確定的條件下，生命自發誕生的可能性仍然極小。畢竟，有機化學家可以輕易地製造出塑膠，但我們發現塑膠並不會自然存在。即使像弓箭這樣簡單的東西，就連小孩子也可以輕鬆製作，但永遠無法透過無生命的過程創造出來。因此，僅僅因為我們（有一天）發現生命很容易創造，這也不一定顯示了生命在宇宙中存在的必然性。

如果科學家透過多次以不同方式合成生命，發現了某些可以應用於現實世界的共同原理，那麼就能改變這個爭論的結果。這將引出一個深刻的問題：這些原理是否已經隱藏在科學知識體系中？或是我們需要一些全新的東西來處理生命？薛丁格對此事持開放態度，他曾經寫道：「我們不能因為用一般物理定律來解釋生命如此困難，而感到氣餒。畢竟這正是我們從生命物質結構中所獲得的知識所預期的。我們也必須做好準備，去發現一種在生命中普遍盛行的新型物理定律。」[12] 我同意薛丁格的觀點，我相信在足夠複雜的資訊處理系統中，會出現新的法則和原理；透過對這些系統的詳細研究，我們將能夠對生命的起源有一個完整的解釋。我將在結語中再回到這個猜測性的主題。

於此同時，從觀察者的角度來看，我們也不是毫無希望。

BOX 12
生命是一種行星現象嗎？

　　我們知道生命有三個基本特徵：基因、新陳代謝和細胞。它們顯然並不是同時出現的；生命起源研究的一個挑戰，就是確定哪一個先出現。在這三者中，細胞是最容易形成的。有許多物質可以自發性地產生細胞結構，因此早期的推測是，早期的地球上存在著大量的小囊泡，作為自然界可能進行複雜有機化學實驗的天然「試管」。細胞還發揮了另一項重要功能：達爾文演化論需要某種選擇，而細胞正好符合這個要求。即使是一個非生命的團塊，也能透過分裂成兩個較小團塊而進行繁殖，類似實體組成的族群可以開創演化發揮作用的機會。如果沒有個體的存在，達爾文主義的原始版本就毫無意義。

　　近年來，有一種相反的觀點引起了關注。也許細胞是後來才出現的，那時複雜的化學反應已經建立了類似代謝循環和網路的東西。這種化學自組織可能大規模地在「大團塊」（the bulk）內發生——例如在開放的海洋中。一旦代謝過程變得能夠自主維持和自我強化，它就會分裂成單一單位，最終形成我們今天所認識的活細胞。這將是一種由上而下探索生命起源的方法。前細胞階段可能僅限於熱力學有利的環境，例如深海火山口，或可能包含整個星球。史密斯和已故

的莫洛維茨（Harold Morowitz）將生命描繪成一種本質上屬於地質或行星的現象，其中早期地球的地球化學與前生命物質共同演化。他們推測，最終我們所說的生命是從某種行星發展階段的相變中出現的。[14]這是一個很有意思的假設。

影子生物圈

假設機運在生命的孕育過程中只是扮演了次要角色，而這個過程其實更像「定律」──就像德·杜夫所表達的，是一種必然性。那麼生命的藍圖是否可能以某種方式嵌入物理定律之中，從而使生命成為這個本質上對生物友善的宇宙中的一種預期產物？也許。問題是，這些沉思是哲學性的，而不是科學性的。什麼樣的定律代表生命會在條件允許的任何地方自動出現？物理定律中，沒有任何內容將「生命」單獨列為優先狀態或目的。迄今為止發現的所有物理和化學定律都是「生盲」（life blind），它們是普遍定律，與物質的生物或非生物狀態無關。如果自然界中存在某種「生命原理」，那麼它至今還未被發現過。

為了論證的目的，讓我加入**樂觀主義者**的行列：他們會說生命很容易開始，並且遍布在宇宙中。如果生命是不可避免而普遍的，我們如何證明？如果我們（在另一個星球、月球或彗星上）發現第二個生命樣本，能確認它是獨立於已知的生命，而且是從無到有的誕生，那麼德·杜夫的宇宙必然性就會立即得到強大的

證實。在我看來，尋找第二次起源最有希望的地方，就是我們自己的星球。如果生命確實像許多科學家堅信的那樣，能夠輕易開始，生命肯定已經在地球上開始了很多次。那麼，我們怎麼知道它沒有發生呢？有人真正看過嗎？

想像一下這個場景：在四十億年前，地球上出現了生命。一千萬年後，一顆巨大的小行星撞擊地球，釋放大量的熱量，導致海洋沸騰，地球表面也變得荒蕪。然而，這次巨大的打擊並沒有摧毀所有的生命。大量岩石被噴入太空，其中一些岩石中可能蘊藏著地球上第一批微小的居民。這批微生物貨物可以圍繞太陽運行，存活數百萬年。最終，其中一些物質會返回地球，它們以隕石的形式墜落，並帶生命回家。但同時，在災難性撞擊發生後的幾百萬年裡，生命又開始出現（記住，生命很容易開始），所以當噴出的物質返回時，我們的星球上就出現了兩種生命形式。由於巨型物體的轟擊持續了二億年，同樣的情景可能出現很多次，因此當轟擊最終平息時，可能有數十個獨立形成的生物在我們的星球上共居。有趣的問題是，這些未知的生命案例中，是否至少有一個可能存活到今天？幾乎所有地球上的生命都是微生物，你無法透過觀察來判斷微生物的運作原理。你必須深入研究其分子內部。因此，可能存在與代表「我們」生命形式的微生物混合的「其他」生命的代表——從源自獨立起源的意義上來說，它們將是真正的外星生命。外星微生物種群的存在，被稱為「影子生物圈」，它帶來了一個有趣的可能性：外星生命可能就在我們的眼皮底下，甚至在我們的鼻子裡，只是一直以來被微生物學家忽

視了。[13]

辨識影子生命將會是一個挑戰。我和同事提出了一些廣泛的策略，我在《詭異的沉默》（*The Eerie Silence*）中對此進行了解釋。例如，我們可以在條件極為極端、超出所有已知生命（甚至是嗜極生物）生存範圍的地方搜索，例如海底火山口附近、流出物溫度超過130℃的區域。另一方面，如果影子生命與已知生命混雜在一起，辨識它的任務就會更加困難。一種可以殺死或減緩所有已知生命新陳代謝的化學藥劑，可能會使少數影子生命微生物群體蓬勃發展，從而脫穎而出；有一些科學家已開始進行這方面的研究。考慮到這項發現的影響之大，引起的關注卻如此之少，著實令人驚訝。要解決影子生命的問題，只需要發現一個微生物——只要一個就好——它代表生命，但不是我們所知道的生命。如果我們手中（或更確切地說，在顯微鏡下）有一個生物體，它的生物化學性質與我們自己的生物體足夠不同，以至於它一定有獨立的起源，那麼就有理由支持一個富饒的宇宙了。如果生命可以發生兩次，那麼肯定可以發生無數次。而且，單一的外星微生物不必存在於某個遙遠的星球上；它可能就在地球上。它有可能在明天就被發現，從而顛覆我們對宇宙以及人類在宇宙中地位的看法，並大幅增加外星智慧生命存在的可能性。

回顧過去的三十五億年，生命的起源是演化史上第一次、也是一次最重大的轉變。然而，演化史中還包含其他的重大轉變和關鍵步驟，沒有了這些，進一步的發展就不可能實現。[15] 生命開始後，大約過了十億年才出現下一個重大轉變：真核生物的出

現；另一個重大進步是有性生殖；後來又從單細胞躍進到了多細胞。是什麼促使了這些進一步的轉變發生？是否存在一些共同的潛在特徵？真核生物、性和多細胞：這些都與顯著的身體改變有關。但真正的意義並不在於形式或複雜性的改變，而在於隨之而來的資訊架構重組。每一步都代表著重大的「軟體升級」。而最大的一次升級開始於大約五億年前，原始中樞神經系統的出現。快轉到今天，人類的大腦是已知最複雜的資訊處理系統。這個系統產生了神奇的生命拼圖盒中最令人驚奇的現象——意識。

7 機器裡的幽靈
Chapter

The Ghost in the Machine

> 「關於心靈的基礎本質,意識,我們就和羅馬人一樣,一無所知。」
>
> ——羅文斯坦（Werner Loewenstein）[1]

在都柏林發表演講十三年後,薛丁格在劍橋大學發表了一系列題為「意識的物理基礎」的演講,重新回到生命的主題。[2] 這次,他的問題聚焦在「什麼樣的物質過程與意識直接相關?」,從物理學家的角度闡述了這個最不尋常的現象。在生命眾多令人困惑的特性中,意識現象尤其引人注目。意識的起源可以說是當今科學面臨的最困難的問題,也是唯一一個經過兩千五百年的思考仍然幾乎無法解決的問題。如果薛丁格的問題「生命是什麼?」已經夠難回答的話,那麼「心靈（mind）是什麼?」更是難上加難。

對心靈或意識的解釋不僅僅是一個學術挑戰,許多倫理和法律問題都取決於生物體是否存在意識,或存在多少意識。例如,對墮胎、安樂死、腦死、植物人狀態和閉鎖症候群的看法,可能

取決於對象的意識程度。* 以人為方式延長永久昏迷狀態的人的生命，是否正確？我們如何判斷，沒有反應的中風患者是否真的有意識到周圍的環境，並需要照顧？動物權利中有關「殘忍」的定義，通常是基於一些非常不正式的爭論，即動物是否以及何時會承受痛苦或「感到痛苦」？** 除了這些問題之外，還有非生物智能這項新興領域帶來的問題。機器人有意識嗎？如果有，它擁有權利和義務嗎？如果有一個基於合理科學理論的「意識程度」公認定義，我們就有可能對這些爭議問題做出更好的判斷。

但我們缺少一個全面的意識理論。在西方社會，人們普遍認為，意識本身就是一個實體。這種觀點一般可以追溯到17世紀的法國哲學家兼科學家笛卡兒（René Descartes），他認為人類是由兩種東西組成：身體和心靈。他稱之為廣延之物（res extensa，大致上是指物質實體）和思想之物（res cogitans，指的是碰不到的心靈實體）。在流行的基督教文化中，後一個概念有時會與靈魂混為一談，靈魂是一種非物質的額外成分，信徒認為它居住在我們的身體裡，當我們死後就會飄散到某個地方。現代哲學家（其實也包括神學家）通常對「笛卡兒二元論」（即笛卡兒的這種權力分立）無法苟同——他們更願意將人類視為單一實體。1949年，牛津大學哲學家賴

---

* 原注：在撰寫本文時，一個備受關注的案例是加德（Charlie Gard）的案例，這名嬰兒在出生時就患有一種顯然無法治癒的疾患，導致他基本上無法做出任何反應。法律判決決定終止生命的維持，而不是允許實驗性治療。

** 原注：英國在1973年有一個著名的法律考驗：艾茅斯蝦案。一名16歲的女孩因在電爐上烹調活蝦，而被指控虐待動物。該案最終被撤銷，但已經引起了蘇聯媒體的關注。當時英國正處於工業動盪和經濟衰退時期。莫斯科將蝦子事件作為西方頹廢的例子；當工人正在反抗崩潰的資本主義體制時，英國人民怎麼還在關心這些瑣事？

爾（Gilbert Ryle）創造了貶義詞「機器中的幽靈」（the ghost in the machine）來描述笛卡兒的觀點（他將之稱為心靈的「官方觀點」）。他嘲諷性地將非物質心靈控制的機械身體，比作一輛由司機控制的汽車。[3] 賴爾認為，這種神祕的「教條」不僅在事實上是錯誤的，而且在概念上也存在嚴重缺陷。然而，在人們的想像中仍然認為，心靈是機器中某種模糊的幽靈。在本書中，我主張資訊的概念可以解釋生命物質的驚人特性，而生物訊息處理的最高體現就是大腦，因此人們很容易假設，某些訊息將形成心靈與物質之間的橋樑，就像生命與非生命之間的橋樑一樣。訊息的旋轉模式並不構成「幽靈」，就像它們不構成「生命力」一樣。然而，類似惡魔的分子結構對訊息的操縱，可能是對賴爾所嘲笑的二元論的一種微弱回聲。不過這種二元論的根源不是神祕主義，而是嚴格的物理學和計算理論。

有人在家嗎？

首先，讓我們思考一下，我們在日常生活中談論意識時的意思。我們大多數人都有一個粗略的定義：意識是對我們的周遭環境和我們自身存在的一種覺知。有些人可能會在其中加入一種對於自由意志的感覺。我們擁有由感覺、思想和感受組成的心理狀態，而我們的心理世界以某種方式透過我們的大腦與物質世界連結。這就是全部了。嘗試更精確地定義意識會遇到與定義生命相同的問題，但是比後者更加令人煩惱。以奠定電腦的基礎聞名的

數學家圖靈，在 1950 年於《心靈》（*Mind*）的一篇論文中探討了這個問題。[4] 圖靈提出了「機器能思考嗎？」這個帶有深意的問題，預示了當今人們對人工智慧本質的諸多憂慮。他的主要貢獻是透過所謂的「模仿遊戲」*（通常稱為「圖靈測試」）來定義意識。基本想法是，如果有人詢問一台機器，卻無法從答案中判斷這個回應是來自電腦還是另一個人，那麼該電腦就可以被定義為具有意識。

有些人反對意見是，僅僅因為電腦可以令人信服地模擬意識的外觀，並不意味著它具有意識；圖靈測試只是透過類比來判斷意識的屬性。但這不正是我們與其他人互動時一直在做的事嗎？笛卡兒有一句名言：「我思，故我在。」儘管我知道我自己的想法，但如果我不是你，我就無法知道你的想法。我或許可以根據你的行為，透過類比我的行為，推斷出你的身體裡「有人在家」，但我永遠無法確定此事，反之亦然。我能說的頂多是：「你看起來像是在思考，所以你看起來像是存在著。」有一種被稱為唯我論（solipsism）**的哲學觀點否定其他心靈的存在。我不會在這裡繼續探討這個問題，因為如果你，即本書的讀者，不存在的話，你就不會對我唯我論式的論述感興趣，那我就是在浪費時間。

哲學家花了幾個世紀的時間試圖將心靈世界和物質世界連結起來，這個難題有時被稱為「身心問題」（mind-body problem）。數千年來，人們的流行觀點是「意識或心靈是萬物的普遍基本特徵」，這一學說被稱為泛心論（panpsychism，又譯泛靈論，萬物有靈

---

* 原注：這也是最近上映的一部有關圖靈生平的電影片名。
** 譯注：基本主張是只有自己的心靈是唯一可以確認為真實存在的。

論）***。它有許多變體，但其共同特徵是相信，心靈是一種遍布整個宇宙的基本特質；人類意識只是普遍精神本質的一種集中和放大的表現。從這點來看，它與活力論有著相同之處。這種思想一直持續到20世紀；例如，我們可以在榮格心理學中找到一些泛心論的面向。然而，泛心論與強調電化學複雜性的現代神經科學並不一致。具體來說，高階的大腦功能顯然與神經結構的集體組織有關。說每個神經元都具有「一點點」意識，因此許多神經元的集合非常有意識，是沒有意義的。只有當數百萬個神經元整合成一個複雜而高度互相連結的網路時，意識才會出現。在人類的大腦中，有意識的經驗是由許多同時存在的部分所組成的。如果我意識到一片風景，那麼對該場景的瞬間體驗就包括視野範圍內的視覺和聽覺訊息，這些訊息經過大腦不同區域的精心處理，然後整合成一個連貫的整體，並（以某種方式！）作為有意義的整體體驗傳遞給「有意識的自我」（不管它是什麼）。

這一切引發了一個令人好奇的問題：心靈究竟在哪裡？明顯的答案是：在我們的耳朵之間。但同樣地，我們不能完全確定。長期以來，人們認定情感的來源不是大腦，而是與其他器官有關，如腸道、心臟和脾臟。事實上這種古老信仰的痕跡仍然存在，正如我們把憤怒的人描述為「發洩脾氣」，或用「腸道感覺」（gut feeling）來表示直覺。而在浪漫的愛情中，也常常使用「甜心」（sweet-heart）、「心動」（heartthrob）和「心碎」（heartbroken）等

*** 譯注：基本主張是包括無生命物質在內的萬物都具有意識以及心靈屬性（記憶、感知、欲望）。

字眼來表達。使用「你是我甜蜜的大腦」（更不用說「我甜蜜的杏仁核」）這樣的說法示愛不太可能「贏得女士的芳心」，儘管從科學角度來說這句話更為準確。

更根本的問題是，我們如何能夠確定，意識的來源就在我們的身體裡面？你可能會想，由於頭部受到打擊會讓人失去知覺，所以「意識的所在地」一定位於頭骨內。但沒有邏輯推理可以支持這樣的結論。在觀看令人不安的新聞節目時，如果我憤怒地敲打電視機，可能會導致螢幕變黑，但這並不意味著新聞播報員位於電視機內部。電視只是一個接收器：真正的動作在幾公里之外的攝影棚裡。大腦有沒有可能只是在其他地方產生的「意識訊號」的接收器？也許是在南極？（這不是一個認真的建議，我只是想說明一個觀點）。事實上，認為「外面的」某人或某物可能會「把想法植入我們的腦海裡」的觀念是普遍的；笛卡兒本人就曾提出這種可能性，他設想有一個邪惡的惡魔會來擾亂我們的思想。如今，許多人相信心靈感應。因此「心靈是離域的」這個基本思想其實並不是那麼牽強。事實上，一些傑出的科學家曾一度考慮過這樣一種觀點：我們腦中出現的想法並非全部源自於我們的頭腦。一個流行但相當神祕的觀點是，數學靈感的閃現是由於數學家的頭腦以某種方式「突破」了柏拉圖式的理想數學境界，而這個境界不僅超越大腦，甚至超越了時空。[5] 宇宙學家霍伊爾（Fred Hoyle）曾經抱持一個更大膽的假設：大腦中的量子效應可能讓外部的影響進入我們的思考過程，引導我們想到有用的科學概念。他提出，這種「外部指引」可能是來自宇宙遙遠未來的超級智

慧,它利用量子力學中一種微妙但眾所周知的時間倒退特性,來指引科學的進展。[6]即使這些瘋狂的想法已經遭到否定,但展延心靈(extended mind)在未來仍有可能成為普遍現象。透過將部分心理活動外包給位於雲端,並透過 Wi-Fi 與大腦連接的強大運算設備,我們可以將大腦重新定位為意識的部分接收器和部分生產者,人類也許就能從中享受到提高智力的好處。

我們的思想是在大腦之外產生的,這個猜測的另一個極端版本是模擬論證(simulation argument),目前在某些哲學家中很流行,並因《駭客任務》等電影而廣為人知。這種觀點通常認為,我們所謂的「現實世界」其實是真正現實世界中一台超級電腦內部創造的奇妙虛擬實境秀。在這個情況中,我們人類是電腦中運行模擬意識的模組*。我們無法談論模擬者──它們是誰,或者它是什麼──因為我們這些可憐的模擬物被困在系統內部,因此永遠無法進入模擬者/們的超然世界。在我們虛假的模擬世界中,我們擁有(虛假的)模擬身體,包括模擬大腦,伴隨著意識的實際思想、感受、感覺等,但這些意識根本不是在假大腦中產生的,而是在另一個存在層面的模擬系統中產生的。

推測這些稀奇古怪的場景很有趣,但從現在開始,我將堅持保守的觀點,即意識確實是以某種方式在大腦中產生的,並探究什麼樣的物理過程可以做到這一點。不要對這個狹隘的意圖感到失望:還有許多具有挑戰性的問題需要解決。

---

* 原注:在這裡,「電腦」這個詞用得不好,因為我們今天所認為的電腦幾乎肯定無法模擬意識。

心靈凌駕物質

　　即使是非唯我論者（即承認其他人類具有意識的人），也無法就哪些非人類生物具有意識達成一致的共識。大多數的人似乎都願意接受他們的寵物有心靈的假設，但沿著生命樹更原始的樹幹向下，卻找不到任何明確的界限，也找不到任何行為線索來顯示「那裡有別的東西」。老鼠有意識嗎？蒼蠅？螞蟻？細菌？如果我們想透過類比來論證，意識有一個重要特徵就是對周圍環境的覺知，以及對變化做出適當反應的能力。嗯，細菌會向食物移動，似乎是有目的地行動。然而，我們很難想像細菌真的能像你我一樣「感覺到飢餓」。但誰又能說得準呢？

　　有時候，人們會訴諸大腦解剖學。很顯然的是，大腦和相關神經系統的大部分活動都是在無意識中進行的。基本的生活管理功能，例如感覺訊號的處理和整合、記憶搜尋、運動控制、維持心臟跳動等，都是在我們不知不覺的情況下進行。當一個人失去意識時，例如在深度睡眠或麻醉時，大腦的許多區域仍然能夠正常運作，這顯示，並非整個大腦都具有意識，或者更準確地說，產生意識只是大腦部分區域的功能，這個區域通常被認為是皮質丘腦。但我們很難確切確定這個區域具有什麼特殊特性，而大腦中其他無意識但仍然極為複雜的部分則不具備這些特性。此外，一些表現出明智行為的動物，例如鳥類，其大腦解剖結構與人類非常不同，因此，要不是意識和智慧未必共同存在，就是將意識歸因於大腦的某個特定區域是錯誤的。

有一件事是沒有爭議的：大腦處理資訊。因此，我們很容易在頭腦裡流轉的資訊模式中尋找「意識的來源」。神經科學家致力於描繪受試者體驗到某種感受、情緒或感官輸入時大腦中發生的情況，並取得了巨大進展。這並不容易：人腦包含一千億個神經元（大約與銀河系中的恆星數量相同），每個神經元與數百甚至數千個其他神經元相連，形成龐大的資訊網路。數十億個快速放電的神經元透過網路發出一連串複雜的電化學訊號。不知何故，在這場電的混戰中，就出現了條理清晰的意識。

將問題歸結到基本層面，我們想知道以下兩個謎團的答案：

1. 什麼樣的物理過程會產生意識？這就是薛丁格所問的。例如，大腦中出現的那種旋轉的電模式似乎有意識，但是國家電網中旋轉的電模式又如何呢？如果第一個例子的答案是肯定的，而對第二個例子的答案是否定的，那麼問題就來了：這是否完全取決於模式，而不是電力本身？是否存在一個模式複雜性的門檻，因此大腦足夠複雜，但電網卻不夠複雜？如果模式很重要，那麼必須用電力來實現嗎，還是任何複雜的閃光模式都可以？也許是湍流的流體？還是相互關聯的化學循環？或者，是否需要其他一些成分——我們可以稱之為意識的「電加」（electricity plus）理論？如果是這樣，那麼「加」上的是什麼？沒人知道。

2. 假設心靈存在，那麼它如何改變物質世界？心靈如何與物質結合，使它能夠對物質產生影響？這是古老的身心問

題。如果我選擇移動我的手臂，而且我的手臂移動了，那麼物理宇宙中的某些東西就會改變（我手臂的位置）。但這是怎麼發生的呢？「選擇」或「決定」如何轉化為原子的運動？我想要移動手臂的願望只不過是流轉的電流模式，然後觸發電訊號，這些電訊號接著通過神經傳到我的手臂而引起肌肉收縮——告訴我這些是沒有用的，因為這只是用謎團 1 來解釋謎團 2。

在我的描述中，始終有一個假設隱含在有關意識的討論中，即存在一個「擁有」意識的能動者、個人或實體。心靈「屬於」某個人——我指的當然是自我意識。嚴格地說，我們必須區分對世界的意識和對自己的意識（即自我意識）；或許，蒼蠅意識到了世界，卻沒有意識到自己作為一個能動者的存在。但不可否認的是，人類有著深刻的自我意識，[*]覺得自己是某種「機器中的幽靈」。無論這種二元論在哲學上有何缺陷，我們可以肯定地說，幾乎每個人都認為心靈是真實存在的。但它們是什麼？不是物質或以太物質。也許是訊息？但不只是任何舊定義中的訊息，而是在大腦中流轉且非常具體的訊息模式。「在神經迴路中訊息的流動以某種方式產生意識」——這個一般觀念似乎很顯而易見，但有關心靈的完整解釋仍然需要進一步研究。如果心靈以訊息為基礎的觀念是正確的，那麼心靈的存在和訊息的存在就是一樣的。

---

[*] 原注：針對幼兒進行的心理學實驗顯示，要到 2 歲左右才能形成完整的自我意識。

但我們不能將心靈與物質分開；正如蘭道爾的教導：「訊息是物理的。」因此，心靈也必須與大腦中的物質活動連結在一起。

但那是怎麼做到的呢？

時間的流動

「過去、現在和未來，只不過是一個頑固存在的幻覺。」
——愛因斯坦[7]

神經資訊和意識之間有所連結的其中一個線索，來自人類經驗的基本面向：我們對時間流逝的感覺。即使在感官剝奪的情況下，人們仍然保留著對於自我和自己的持續存在的感覺能力，因此時間的流逝是自我覺知的一個組成部分。在第二章中，我描述了時間之箭的存在，它可以追溯到熱力學第二定律，並最終追溯到宇宙的初始。對於這一點，科學界並無異議。然而，許多人將物理的時間之箭與心理上的時間**流逝感**（flow）混為一談。科普文章也經常使用諸如「時間向前流動」，或「時間倒流的可能性」之類的用詞。

顯然，我們的日常事務在時間中具有內建的方向性，如果我們目睹相反的順序，像雞蛋從破碎中重組或是混合的氣體自行分離，會令我們大吃一驚。請注意，雖然我謹慎地描述時間中的物理狀態序列，但討論它的標準方式是參考時間之箭；這種錯誤

的說法具有嚴重的誤導性。箭並不是時間本身的屬性。從這點來看，時間與空間並無太大差異。想想地球的自轉，我們以此定義了一種不對稱性（南方和北方）。我們有時也會用箭頭來表示：指北針的針頭指向北方；而在地圖上，通常會顯示為一個指向北方的箭頭。然而，我們做夢也不會想到地球的南北不對稱（或地圖上的箭頭）是種「空間之箭」。空間根本不關心旋轉的地球，也不關心南北。同樣地，時間也不關心雞蛋是破碎還是重組，也不關心氣體是混合還是分離。

人們常常將時間流動的感覺稱為「時間之箭」，這顯然混淆了兩個不同的隱喻。第一種是使用箭頭來指示空間方向（如指北針的針頭），第二種是類比飛行中的箭矢，象徵定向運動。當指北針上的箭頭指向北方時，並不表示你正在向北移動。同樣地，把在世界上的一系列事件上附加一個箭頭，以區分序列中的過去和未來也是可行的，但不可以說這個不對稱箭頭意味著事件沿著時間線向未來移動，即時間的移動，這種說法事實上是荒謬的。

透過指出所謂的「時間流逝」實際上是無法測量的，可以讓我的論點得到進一步的加強。**沒有任何實驗儀器可以偵測時間的流逝**。等等，你可能會想，時鐘不就是用來測量時間流逝的嗎？事實上不是。時鐘測量的是事件之間的時間間隔，其作法是將時鐘指針的位置與世界狀態（例如球的位置、觀察者的心理狀態）相關聯。諸如「引力使時間變慢」和「時間在太空中比在地球上過得更快」之類的非正式描述，實際上意味著，太空中時鐘的指針相對於地球上相同時鐘的指針旋轉得更慢（確實如此，透過比較時鐘讀

數很容易測試）。最具誤導性的說法就是「時間倒流」：時間根本不「流逝」。物理學的正確表述是，物理狀態的正常方向序列在（不變的）時間內可能會發生逆轉，例如，地震讓瓦礫自發地聚集成建築物，馬克士威惡魔從混亂中創造出秩序。這不是時間本身，而是**狀態序列**的「倒退」。

不管怎樣，時間顯然是無法移動的。移動描述的是某物的狀態（例如，球的位置）從一個時間到之後某個時間的變化。時間本身不能「移動」，除非存在第二個時間維度來判斷它的運動。畢竟，怎麼回答「時間過得有多快？」這個問題呢？它必須是「每秒一秒」——像是繞口令一樣！如果你不相信，那麼試著回答這個問題：「你怎麼知道時間流逝的速度是否改變了？」如果時間加快或減慢，世界會有什麼明顯的不同？如果你明天醒來發現，時間流逝的速度加倍，而你的心理過程速度也加倍，那麼一切似乎都沒有改變；就像如果你醒來時發現，世界上的一切都變大了一倍，而你也變大了一倍，那麼一切不會有任何不同。結論就是：「時間的流動」這個字面上的流動，是沒有意義的。

儘管哲學家在一個多世紀前已經提出上述觀點，但時間的流逝這個隱喻是如此強大，以至於一般的討論很難不陷入其中。雖然很難，但並非不可能。每一個關於世界且涉及時間流逝的陳述，都可以被一個更繁瑣的陳述取代，這個陳述根本不提及時間的流逝，只是將世界在不同時刻的狀態與大腦／心靈在相同時刻的狀態互相對應。以這個陳述為例：「我們滿懷期待，著迷地看著太陽在下午六點落入海平面」。以下這個笨拙的陳述可以傳達

基本相同的可觀察事實：「時鐘配置為下午五點五十分，與地平線以上的太陽以及觀察者處於期待的大腦／精神狀態相關；時鐘配置下午為六點十分，與太陽位於地平線以下以及觀察者處於著迷的大腦／精神狀態相關。」關於時間流逝的非正式討論對於日常生活來說是必要的，但為此追溯到時間本身的物理學則顯得毫無意義。

無可爭辯，我們擁有非常強烈的**心理印象**，即我們的覺知正被不可阻擋的時間潮流所席捲，因此尋求對時間流逝感的科學解釋是完全合理的。在我看來，對於這種熟悉的心理變化的解釋可以在神經科學而不是物理學中找到。粗略地打個比方，就像頭暈一樣。旋轉幾圈後，突然停止；你會留下一個強烈的印象，以為世界正在圍繞著你旋轉，即使事實顯然並非如此。這種現象可以追溯到內耳和大腦的過程：持續旋轉的感覺是一種幻覺。同樣地，時間運動的感覺是一種幻覺，可能與記憶在大腦中儲存的方式有某種關聯。

結論就是：時間不會流逝（我希望讀者現在已經相信了！）。

那麼，過去的是**什麼**呢？我認為，我們對轉瞬即逝的自我的清醒覺知，時時刻刻都在改變。時間流逝或過去的誤解可以歸因於對一個守恆自我（conserved self）心照不宣的假設。人們自然地認為「他們」時時刻刻都在持續著，而世界卻因為「時間的流動」而不斷改變。但正如卡羅（Lewis Carroll）的故事中愛麗絲所說的那樣：「回到昨天是沒有用的，因為那時的我已經是另一個人了。」[8] 愛麗絲是對的：今天的「你」和昨天的你已經不一樣

了。可以肯定的是,今天的你和昨天的你之間存在著非常強的相關性,從技術角度來說,是大量的交互資訊——是由記憶、信仰、欲望、態度和其他通常只會緩慢變化的東西組成的資訊線索,給人一種連續性的印象。但連續性並不代表守恆性。未來的你與(你觀察到的)世界的未來狀態相關,過去的你與(你觀察到的)世界的過去狀態相關。每時每刻,適應於那個世界狀態的你都將自己與那個狀態的關聯解釋為「現在」。對於「那時」的「那個你」來說,確實是「現在」。就是這樣!

時間流逝的現象,揭示了「自我」是一種緩慢演變的複雜資訊儲存模式,這些資訊可以在之後被讀取,提供一個可以和新的感知相互匹配的資訊模板。時間流動的錯覺,便源自變化的資訊模式與感知之間無可避免的輕微不一致。

線路中的惡魔

關於難以捉摸的自我就說這麼多了。那麼大腦呢?關於這個主題我們有更穩固的基礎。即使只是經過初步檢查,大腦處處是電化學反應的騷動。首先,有一些令人震驚的統計數據。回想一下,人類的大腦有大約一千億個神經元,這些腦細胞是訊息處理的動力中心。[9] 每個細胞都從體內長出一種稱為軸突的纖維;它可以長達一公尺或更長。軸突充當將神經元連接在一起形成網路的線路。每個神經元可以與多達一萬個其他神經元連接:軸突可以分支數百次。這是一個多麼密集的網路啊!軸突並不是直接連

接到另一個細胞，更精確地說，神經元上裝飾著濃密的毛髮或樹突，軸突則夾在其中一個樹突上。其他軸突可以附著到同一個神經元的其他樹突上，以同時結合許多軸突的傳入訊號。據估計，人類大腦中存在多達一千兆個連接，其複雜程度令人驚嘆。神經元能夠以極快的速度「發射」訊號（向軸突發送電脈衝），大約每秒五十次。將所有數據加總起來，意味著大腦每秒可以執行大約 10^{15} 次邏輯運算，比世界上最快的超級電腦更快。最令人驚訝的是，超級電腦會產生數兆瓦的熱量，而大腦在完成所有工作時，產生的熱量僅與一個低瓦數的燈泡相同（儘管這可能令人印象深刻，但大腦的運作速度仍然比蘭道爾極限高出許多個數量級——見第 73 頁）！

大腦常被比喻為電路，而電流的流動支撐著大腦的運作；這樣的描述是正確的。但是，儘管電腦（或電網）中的電訊號是由沿著線路流動的電子組成，但大腦中的線路類似物，軸突的運作方式卻與前者截然不同：它們僱用了惡魔。[10] 軸突的外膜上遍布微小的孔洞，這些孔洞可以打開和關閉，每次只讓一個粒子通過，非常類似馬克士威最初設想惡魔操作遮板的場景。在這種情況下，惡魔（以特殊蛋白質的形式）不是在不同分子之間進行選擇，而是在不同的離子（帶電原子）之間進行選擇。這些孔洞實際上是狹窄的管道，稱為「電壓門控離子通道」；惡魔可以打開和關閉大門，讓正確的離子通過，同時將錯誤的離子拒之門外。此裝置產生沿著軸突傳播電訊號的方式如下：當神經元處於惰性狀態時，軸突內部帶負電荷，外部帶正電荷，因此在膜上產生微小的電壓或極性（膜本身是絕緣體）。當來自神經元主體的訊號到達時，

惡魔會打開大門，讓鈉離子從外部流向內部，從而逆轉電壓。接下來，其他惡魔打開不同的一組離子通道，讓鉀離子以另一種方式流動——從內到外——以恢復原來的電壓。極性反轉通常只持續數千分之一秒。這種瞬時干擾會在軸突膜的相鄰部分觸發相同的過程，進而啟動下一個部分，依此類推。於是訊號沿著軸突向另一個神經元傳播。因此，儘管神經元以電的方式相互發出訊號，但它是透過極性的行波傳遞，而不是透過電流本身的流動進行的。

為了完成這項英勇事蹟，惡魔需要具有驚人的辨別能力。具體來說，他們需要分辨鈉離子和鉀離子（鉀離子稍微大一些），以便只讓正確的離子通過相應的方向。像往常一樣，這項技巧是透過客製化蛋白質簇來完成的。蛋白質穿過膜同時坐落裡外兩側，提供一條從軸突內部到外部的通道。該通道有一個狹窄的瓶頸，每次只能允許一個離子通過。由電極化蛋白質產生的電場可最大限度地提高效率；推動離子通過通道所需的付出很小，當通道打開時，典型的電流為每秒數百萬個離子。識別離子準確度非常高：錯誤種類的離子只有不到千分之一會通過通道。為了決定何時打開和關閉大門，蛋白質簇上有感測器，可以在檢測在極性波接近時，改變附近膜電位的變化。

這些惡魔活動帶來的結果是，電流脈衝或尖峰成群或成串地沿著軸突傳播，直到抵達另一個神經元（有時是另一個軸突），在那裡它們可以激發或抑制其神經活動。神經元不僅僅是將訊號傳遞給下一個神經元的被動中繼器，還具有可以在處理訊號時發揮關鍵作用的內部結構。具體來說，軸突與它所附著的樹突之間有

一個大約 20 奈米寬的間隙，稱為突觸；如果情況合適，訊號可能會跨越突觸。這個間隙稱為「突觸間隙」，主要不是由電流來連接，而是由大量稱為神經傳導物質的分子來連接。其中有些是我們熟悉的物質，例如血清素和多巴胺；其他則不那麼令人熟悉。這些分子會從微小囊泡（像被膜包裹的微細胞）中釋放出來，擴散到間隙中，在那裡與遠端的受體結合。這種結合的結果是，目標神經元主體內開始發生電的變化。例如，在靜止狀態下，神經元相對於外界會帶有約 70 毫伏的負電荷，這是透過細胞膜持續向外泵出離子來維持。神經傳導物質的結合可以導致膜讓離子（例如鈉、鉀、氯化物）通過，從而改變電壓。如果電壓降至某個門檻以下（即細胞內部的負電荷較少），神經元將會激發，並沿著其軸突向其他神經元發送脈衝，依此類推。有些神經傳導物質會觸發膜電壓的增加（使細胞內部的負電荷增加），進而抑制放電。由於神經元可以合併來自許多神經元的傳入訊號，所以系統的行為很像邏輯電路；根據傳入訊號的組合狀態，神經元可以開啟（發射）或關閉（靜止）。

　　線路的架構本身又如何呢？許多細節仍然未知，但是神經迴路並不是靜態的；它會根據個人的經驗而改變。例如，透過主動重組線路，新的記憶會嵌入其中。因此，嬰兒出生時並不帶有固定的「電路圖」，而是密集的互連結構，這些互連結構可以在成長和學習過程中，進行修剪和重新排列。

如何製作心智測量儀

如果意識是一個有組織的整體所突現的集體產物，那麼如何從訊息的角度來看待它？每個神經元處理少量資訊，而許多神經元組成的神經束處理更多的資訊——這樣說很有道理，但以算術方式處理資訊（不過就是清點一下綁在一起的位元束）只不過是泛心論的另一種形式。它未能解決其中至關重要的特性——來自大腦各個延伸區域的資訊如何**整合**成一個整體。威斯康辛大學麥迪遜分校的托諾尼及其同事嘗試定義某種「整合資訊」，以作為衡量意識的標準。核心觀念是要將直觀的概念以精確的數學術語表達——這項直觀概念，即在大腦中，整體會大於部分之總和。

有關整合資訊的概念，用網路架構最能夠清晰表達。想像一個有輸入和輸出端子的黑盒子，裡面有一些電子設備，例如由邏輯元件（AND、OR等）連接在一起的網路。從外部來看，你通常不可能僅透過檢查輸入和輸出之間的因果關係來推斷電路布局，因為有著等效功能的黑盒子可以有非常不同的電路建構。但如果打開盒子，情況就不同了。假設你使用一把剪刀剪斷網路中的幾根電線，接著使用各種輸入重新運行系統。如果剪幾條線，就能顯著改變輸出，則該電路可描述為一個高度集成的電路；而在集成程度較低的電路中，剪幾條線的效果可能根本沒有區別。舉一個簡單的例子，假設盒子包含兩個分開的獨立電路，每個電路都有自己的輸入和輸出端子。可能有電線交叉連接了這兩個完全多

餘的電路,但因為沒有任何訊號通過這些電線,所以可以毫無顧忌地切斷這些電線而不影響輸出。*

　　托諾尼和同事提出了一種計算電路不可簡化的連接關係的方法;方法是檢查電路分解成片段後的所有可能情況,並計算出分解線路的所有結果可能會遺失多少資訊。在操作過程中,高集成電路會遺失大量的資訊。透過這個方法計算出的精確整合度以希臘字母 Φ 表示。根據托諾尼的說法,Φ 值較大的系統(例如大腦)在某種意義上比 Φ 值較小的系統(例如恆溫器)「更有意識」。我應該先聲明,Φ 的精確定義非常技術性;我不會在這裡討論這一點。[11] 一般來說,如果盒子內各個元素對彼此活動的約束較大,則 Φ 較大;如果存在大量回饋迴路和大量「串擾」(cross-talk,透過交叉連結傳輸訊息),就會出現這種情況。但如果系統只涉及從輸入到輸出的有序單向資訊流(前饋系統),則 Φ = 0;這個系統從黑箱外部看似一個整體的系統,實際上只是獨立過程的結合。生物青睞整合系統,大腦就是最佳例子,因為它們在元素和連接方面更經濟,而且比具有單純前饋架構的功能等效系統更靈活。托諾依團隊的成員阿爾班塔基斯指出,生物體(或機器人)表現出的自主性,與高 Φ 值是相輔相成的:「作為一個從內在角度看具有因果自主性的實體,需要有一個整合的因果結構;僅僅『處理』訊息是不夠的。」[12] 後面還有令人驚訝的事。

---

* 原注:如果神經網路被瓦解——相當於你繼續剪下去——那麼它最終會完全停止思考,這樣說似乎是合理的。托諾尼測量意識的方法,就是採用了這個基本思想。然而,可能還有其他效果更好的方法。

研究人員發現，使用 Φ 的定義作為意識的測量標準時「一些簡單系統可能具有最低限度的意識，一些複雜系統可能不具有意識，而且兩個在功能上等效的不同系統，可能一個系統有意識，但另一個系統卻沒有。」[13]

如果讀者不明白這裡的技術細節，讓我打個比方。想像一個由二十名成員組成的委員會，擔負著頒發年度史密斯科學傑出獎的機密任務。委員會的輸入資料是被提名名單和支持文件；輸出是獲獎者的名字。對大眾來說，該委員會就像一個「黑盒子」：被提名名單進去，然後建議名單出來（「委員會已經做出決定」）。但現在我們從內部角度來看：如果委員會成員都是獨立的，並且在沒有協商的情況下進行投票，那麼委員會就不是整合的：它的 Φ＝0。但假設存在一些派系，有一群人贊成正面的差別待遇（提供弱勢者優惠待遇），另一群人則認為該獎項授予了太多的化學家等等。由於這些團體關係，這些成員互相限制彼此的決定；每個派系內部的「交叉連結」都體現了某種程度的整合。如果委員會內部進行了廣泛的討論（大量的回饋和交流），並做出了一致的決定，那麼 Φ 就會最大化。如果委員會的一名成員是指定速記員，負責記錄會議進程但不參與討論，則該委員會的 Φ 值較低，因為他沒有完全整合。

將整合資訊與意識連結起來勢必會出現許多未解決的問題，尤其是實際神經功能與邏輯電路活動的相似程度。儘管與電腦比起來大腦很常見，但大多數的神經科學家並不認為大腦是一台增強馬力的數位計算機。確實，大腦會處理訊息，但其所採

用的原理與我用來輸入這些資訊的個人電腦截然不同。我們甚至不清楚數位化是否是未來的發展方向。許多神經功能的運作可能更像模擬電腦。儘管如此，整合資訊是一種值得稱讚的嘗試，它以量化的方式掌握意識，並提供基於因果關係和資訊流的理論基礎。

自由意志和能動性

「所以我說，原子有時候必須稍微偏轉。」
——盧克萊修（Titus Lucretius Carus）[14]

人類意識中一個常見的特性是自由感，即我們感覺未來在某種程度上是開放的，這讓人類能夠決定自己的命運，並按照自己的意願改變歷史的軌跡。自由意味著，如果你願意，你可以停止閱讀本章（我希望你不要這樣做）。簡而言之，人類就是身為能動者在行動的。

一個世紀前，自由意志似乎與科學發生了衝突。大腦由原子組成，原子必須做原子會做的事，也就是遵守物理定律。透過改變大腦的活動（進而決定我們的行動），我們的心靈可以影響未來，因此，我們必須以這樣的方式施加物理力量：直白地說，一個原本快樂地向左移動的大腦原子突然轉向右邊。這個難題自古以來就為人所知，並被盧克萊修稱為「原子偏轉」。一個完全確定性、

機械化的宇宙沒有自由意志的空間；未來完全由宇宙今天的狀態決定，這包括大腦、神經元與大腦的原子本身。如果世界是一個封閉的機械系統，那麼為心靈引入物理作用就是徒勞的，因為這意味著多重決定論（overdeterminism）。

這就是 19 世紀末的情況。但隨後，量子力學出現了，它具有內在的不確定性。由於量子的怪異性質，在適當的情況下，向左移動的原子確實可以自行向右偏轉。在 1930 年代，量子不確定性似乎可以拯救人類的自由意志，但事情沒那麼簡單。為了獲得自由意志，我們其實並不想要不確定性：我們是希望我們的意志決定我們的行為。因此有人提出了一個更微妙的想法：也許意識可以透過「驅動量子骰子」間接影響原子，因此，儘管原子可能具有行為反覆無常的內在傾向，但某種偏見或推動力可能會悄悄潛入其中。這會為心靈提供進入物質世界的門戶，使其能夠悄悄進入因果鏈的量子間隙。可惜的是，即使只是誘騙，從統計意義上來說，這仍然會違反量子力學定律。量子物理學可能可以容納不確定性，但這不意味著混亂狀態。量子力學需要非常精確的機率規則，相當於「公平骰子」。載入了心靈的骰子會違反量子規則。

那麼還有什麼其他選擇嗎？科學家和哲學家長期以來一直在努力解決一個問題，即試圖協調能動者的存在與組成能動者的原子和分子的基本行為。所謂的能動者，不必像具有深思熟慮的動機的人那樣複雜；這可能是一種寄生在食物上的細菌。能動者有目的的行為，與其組成部分的盲目、無目的的活動之間，仍然存

在脫節現象。目的或以目標為導向的行為（如果你覺得「目的」這個詞令人害怕的話），是如何從那些對目標毫不關心的原子和分子中產生的呢？

資訊理論也許能給出答案。首先要注意的是，能動者不是封閉的系統。能動者的行為本身包含了對系統環境變化的反應。正如我在前面章節中不厭其煩地指出，生物體當然會以多種方式與環境相互關聯。但即使是非生命的能動者，例如機器人，也被編程設定來從周圍環境收集訊息，並對其進行處理，然後產生適當的物理反應。一個真正封閉的系統無法像能動者一樣（以統一的方式）行動。這為多重決定論的問題提供了一個漏洞：只要系統是開放的，就有平行敘述的空間；一個在原子層次，另一個在能動者層次，而且不會相互矛盾。

想想人類的大腦是如何劃分成左、右半球、丘腦、大腦皮質、杏仁核等等許多區域的。在這個整體結構中，並非所有的神經元都是一樣的。更精確地說，它們會根據不同功能，被組織成不同的模組和群集。一個鬆散定義的單位是「皮質柱」，它是一個由數千個具有相似特性的神經元組成的模組，可以視為一個單一群體；例如，神經科學家在考慮刺激反應關係時，就會將皮質柱視為單獨的單位。大腦中有明確標記的區域與皮膚表面的觸覺相對應；例如，連接到拇指的神經元與食指的神經元很接近。如果有人刺傷了你的拇指，你大腦中特定區域的一個神經元模組就會「亮起」，並可能引發運動反應（你可能會說「哎喲！」）。神經科學家可以從因果關係的角度來解釋這種情況，其中就包含了

簡化的單一能動者「拇指模組」。

大家都同意，從實際情況來看，明智的做法是參考更高層次的模組，而不是對每個神經元進行難以想像的複雜描述來解釋大腦活動。然而，托諾尼的整合資訊理論顯示，更高層次的描述不僅更簡單，而且更高層次的系統實際上可以處理比其組件更多的資訊。霍爾是托諾尼研究小組的前成員，目前在哥倫比亞大學工作，他研究了這個違反直覺的說法。霍爾進行了一項相當普遍的數學分析，研究以某種方式（例如透過黑箱實驗——請參閱第257頁）聚集微觀變數的影響，並採用了稱為「有效資訊理論」[15]的方法進行研究。他開始研究能動者及其相關意圖和目標導向的行為，如何能夠從缺乏這些屬性的底層微觀物理學中，以有因果關係的方式出現。他的結論是，因果關係僅存在於能動者的層次。與大多數化約論思想相反，忽略小規模內部細節的物理系統，也就是系統的宏觀狀態（例如能動者的心理狀態），實際上比小規模系統詳細、細膩的描述，具有更大的因果力。這個結果可以用「宏觀可以戰勝微觀」這句格言來概括。

儘管進行了這些仔細的分析，但固執的化約論者可能會指出，原則上，刺激反應故事的完整描述仍然會存在於系統的原子層次上。但這個陳舊的論點有一個明顯的缺陷，因為它沒有考慮到「系統」的開放性。讓我解釋一下：反應時間（比如說，拇指被刺傷）通常為十分之一秒的數量級。現在思考一下，刺激反應系統可能是由數百萬個軸突組成的數千個神經元所組成，其中神經元以每秒五十次的速度激發。回想一下關於進入和離開軸突的鈉

離子和鉀離子,由惡魔調節以驅動訊號傳播的討論;每秒發射五十次的神經元會沿著軸突發送訊號,這需要交換數百萬個離子。因此,在拇指戲劇上演的十分之一秒內,「系統」將與神經元外的環境交換數兆個原子粒子。離開的粒子脫離了系統有組織的因果鏈,並在周圍環境的隨機熱噪音中消失,被其他大量湧入的粒子所取代。因此,試圖在原子尺度上找到有關拇指刺傷事件的底層資訊是沒有意義的。甚至在原則上,我們試圖解釋的因果鏈,在原子的層次上根本不存在。

那麼,死硬派的化約論者會反駁:如果我們也考慮這個系統的環境,以及那個系統的環境等等,直到我們的視野涵蓋整個宇宙,會怎麼樣?原則上(這個論點認為),發生的一切事情,包括大腦模組的活動,都可以在原子或亞原子層次上解釋。因此(化約論者說),利用能動者的開放性來拯救自由意志,就是在利用一個虛假的漏洞。然而,我認為化約論者的論點(傑出科學家常提出這種論點)是荒謬的。沒有證據顯示宇宙是一個封閉的確定性系統;它可能是無限的。即使不是無限的,它也是一個具有不確定性的量子系統。

量子大腦

儘管量子不確定性無法解釋確定性的意志,但量子力學與心靈之間的關聯卻是深刻而持久的。陰暗的量子領域和具體的日常經驗世界之間的連結,是人們預期心靈和物質相遇的舞台。

在量子物理學中，這稱為「測量問題」。這就是為什麼它是個問題：我在第五章解釋過，從原子層次來看，事物是如何變得怪異而模糊的；然而，在進行量子測量時，結果卻是清晰而明確的。例如，如果測量一個粒子的位置，就會得到一個確定的結果。因此，先前模糊的事物突然變得清晰起來，不確定性被確定性所取代，許多相互衝突的現實被一個特定的世界所取代。現在出現的困難是，測量系統可能是由一台儀器、一個實驗室、一位物理學家、一些學生等等組成，而系統本身是由遵守量子規則的原子構成的。在薛丁格等人所制定的量子力學規則中，沒有任何內容能夠從量子的微觀世界中，從大量幽靈般重疊的虛假現實中投射出一個特定的、單一的、具體的現實。這個問題如此棘手，以至於包括著名的宇宙建造者馮‧諾伊曼在內的一些物理學家認為，這個影響量子測量的「具體化因素」（通常稱為「波函數塌縮」）可能是實驗者的心靈。換句話說，當測量結果進入測量者的意識時，砰！模糊的量子世界突然就凝聚成常識的現實了。如果心靈能夠做到這一點，那麼它肯定對物質具有某種影響力，儘管是以一種微妙的方式？必須承認的是，今天只有少數人支持這種對量子測量的心靈主義解釋，只是對於量子測量時究竟發生了什麼事，仍然沒有其他更好的解釋讓人們取得共識。

大約三十年前，牛津大學數學家潘洛斯（Roger Penrose）對量子模糊性和人類意識之間的關係進行了新的探討。[16] 如果意識以某種方式影響量子世界，那麼根據對稱性，人們可能會預期量子效應在產生意識方面發揮作用，但除非大腦中存在量子效應，

否則很難想像這種情況會如何發生。在第六章中，我描述了量子生物學領域如何解釋光合作用和鳥類導航，因此從先前的經驗來看，神經元的行為可能受到量子過程的影響似乎並非不合理。這正是潘洛斯所認為的情況，更準確地說，他認為某些穿過神經元內部的微管可能以量子力學的方式處理資訊，因而大大提高神經系統的處理能力，並以某種方式在此過程中產生意識。[17] 在得出這一結論時，潘洛斯和他的同事、麻醉師哈默羅夫（Stuart Hameroff）考慮了麻醉的影響；當各種分子滲入神經突觸時，就會消除意識，但大腦的大部分常規功能卻不受影響——人們尚未完全瞭解這個過程。

必須指出的是，潘洛斯－哈默羅夫理論引起了許多懷疑。反對意見集中在退相干問題上，我在第 193 頁的 BOX 11 對此進行了解釋。簡單的考慮顯示，在大腦溫暖而嘈雜的環境中，量子效應退相干的速度會比思想的速度快得多。然而，我們很難得出精確的結論，而且量子力學以前也曾帶來驚喜。

我之前描述托諾尼和他的同事如何定義一種稱為整合資訊的量度，並用 Φ 表示，將其作為意識程度的數學測量標準。他們的想法提供了另一種將量子力學與意識連結起來的方法。回想一下，當一個系統很複雜時，整合資訊量化了整體大於各部分總和的程度。因此它取決於整個系統的狀態——不僅取決於其大小或複雜性，還取決於其組成部分的組織及其與整體的關係。像原子這樣簡單的量子系統具有非常低的 Φ，但是，如果將原子耦合到測量裝置，則整個系統的 Φ 可能會很大，這取決於裝置的性

質。如果有意識的人類作為「設備」的一部分而被納入系統，那麼這個值肯定會非常大，但人類因素並不是必需的。如果量子系統隨時間變化的方式，取決於 Φ 的值，結果會如何？那麼，原子就會簡單地遵循薛丁格在 1920 年代提出，並適用於原子的量子物理正常規則。但對於一個具有大量整合資訊，且足夠複雜的系統（例如人類觀察者）來說，Φ 會變得很重要，最終導致波函數的塌縮，也就是投射到單一的具體現實中。我提出的是由上而下影響因果關係的另一個例子[18]，其中，整個系統（在這種情況下，根據整合資訊的精確定義）對較低層次的組成部分（原子）施加因果關係。其因果關係是根據資訊定義的由上而下，因此提供了資訊定律進入基礎物理學的清晰例子。[19]

不管這些推測性想法的優點是什麼，我認為我可以持平地說，如果要將意識納入物理理論的框架，那麼它需要以某種方式納入量子力學，因為量子力學是我們對自然最有力的描述。意識不是違反量子力學，就是可以用量子力學來解釋。

意識是科學的首要問題，甚至是存在的首要問題。大多數的科學家對其敬而遠之，認為這個問題過於困難。那些深入其中的科學家和哲學家通常都會陷入困境。資訊理論提供了一個前進的方向。大腦是一個訊息處理器官，具有極為複雜且難以理解的組織。回顧生命的歷史，每一次的重大轉變都伴隨著生物體資訊架構的重新組織；大腦是最近的一步，創造了思考的訊息模式。

然而，即使人們同意意識體驗全都與大腦中的資訊模式有關，也不是所有人都認為解決資訊架構問題就能「解釋」意識。

紐約大學澳洲裔哲學家查爾莫斯（David Chalmers）將這個主題分為「簡單問題」和「困難問題」。[20] 簡單的部分——在實踐中非常不容易——是繪製出這種或那種體驗的神經關聯圖；也就是說，在受試者看到這個或聽到那個時，確定大腦的哪一個部分會「亮起來」。這是一個可行的計畫。但瞭解所有的相關因素仍然不能告訴我們，擁有這種或那種體驗「是什麼樣的情形」。我指的是內在的主觀層面，例如紅色的紅，哲學家將這稱為「感質」（qualia）。有些人認為，感質這個困難問題永遠無法解決，部分原因就如同我不能因為你的行為與我或多或少相似，就確定你是否存在一樣。若是如此，「心靈是什麼？」這個問題將永遠超越我們的理解範圍。

結語
Epilogue

「在與生物打交道時，人們最能感受到物理學仍然是多麼地原始。」

——愛因斯坦[1]

薛丁格於 1943 年在都柏林發表演說時，他提出的挑戰至今仍引起人們的共鳴。生命能用物理學的角度來解釋嗎？還是它永遠會是一個謎？如果物理學可以解釋生命，那麼現有的物理學能勝任嗎？還是需要一些全新的東西，例如新的概念，甚至新的法則？

過去幾年來日益明顯的是，訊息在物理學和生物學之間架起了一座強大的橋梁。直到最近，即馬克士威提出他那惡名遠播的惡魔的一個半世紀之後，訊息、能量和熵的相互作用才得到闡明。奈米技術的進步使得人們能夠進行極為精細的實驗，以測試物理學、化學、生物學和計算交叉領域的基礎問題。雖然這些發展提供了有用的線索，但迄今為止，資訊物理學在生物系統中的應用還是零碎而暫時的。目前仍然缺少一套全面的原理，可以用

一個統一的理論來解釋神奇生命盒子裡的所有拼圖。

雖然生物資訊被具體表現在物質中，但它並不是物質所固有的。資訊片段在生物體內會繪製出自己的路徑。這樣做並不違反物理定律，但也不受物理定律的限制：我們不可能從已知的物理定律中推導出資訊定律。要將生命物質正確融入物理學，就需要新的物理學。有鑑於物理學和生物學之間的概念鴻溝如此之大，以及現有的物理定律已經對構成生物體的單個原子和分子提供了非常令人滿意的解釋，我們對生命物質的完整解釋顯然需要更為深刻的東西：幾乎是要修改物理定律本身的性質。

自牛頓時代以來，物理學家傳統上一直堅持非常嚴格的定律概念。我們所知的物理學是在17世紀的歐洲發展起來的，當時歐洲受到天主教教義的束縛。雖然伽利略、牛頓及其同時代人都受到了希臘思想的影響，但他們對物理定律的觀念很大程度上源於一神論，即全能的上帝以合理且可理解的方式把宇宙安排得井然有序。早期的科學家把物理定律視為上帝心靈中的思想。古典的基督教神學認為，上帝是完美、永恆、不變的存在，而且超越空間和時間。上帝創造了一個隨著時間而變化的物質世界，但上帝始終不變。因此，造物主和受造物之間的關係並不對稱：世界完全依賴上帝而繼續存在，但上帝並不依賴世界。既然人們認為宇宙法則反映了神性，那麼它也必然是不變的。笛卡兒在1630年明確表達了這一點：

上帝制定了自然法則，就像國王在他的國度裡制定法律一樣

……你會被告知，如果上帝已經建立了這些真理，那麼他也可以像國王改變律法一樣改變它們。對此，我必須回答：是的，如果他的意志能夠改變的話。但在我的理解中，自然法則是永恆的、不可改變的。而我對上帝的判斷也是一樣。[2]

由於這些本質上是神學的原因，物理學在三個世紀前就已確立了在固定的定律和不斷變化的世界之間，存在著不對稱性。這個想法由來已久，我們幾乎沒有注意到它是一個多麼巨大的假設。但沒有任何的邏輯要求物理學必須如此，也沒有令人信服的論點指出，為什麼定律本身必須是絕對固定的。事實上，我已經討論過基礎物理學中一個眾所周知的例子，其中定律確實會根據情況而改變，就是量子力學中的測量行為。測量或觀察量子系統會導致其行為發生重大變化，一般稱為「波函數塌縮」。回顧一下，情況是這樣的：量子系統（例如一個原子）在獨立運作時，會根據薛丁格所提供的精確數學定律演變。*但是，當系統與測量設備耦合，並進行某個量的測量時，例如原子的能量，原子的狀態就會突然發生跳躍（塌縮）。值得注意的是，前一種演變是可逆的，後者卻是不可逆的。因此，量子系統有兩種完全不同的定律：一種是當它們單獨存在時，另一種是當它們被偵測時；請注意此處與資訊相關的線索。透過對量子系統進行測量，實驗者可以獲得有關它的資訊（例如，原子處於哪個能階），但被測系統的熵

---

* 原注：「演化」一詞在物理學中的意義與在生物學中的意義非常不同，這可能會造成混淆。

會發生跳躍：由於不可逆的「塌縮」，進行測量後，我們對系統之前狀態的瞭解，反而比測量之前更少。*因此，有得，也有失。

談到生物學時，很明顯地，「不變的定律」這個概念並不合適。達爾文本人很久以前就在《物種原始》的結語中強調了這種差異：「……雖然這個星球一直按照萬有引力的固定定律循環往復，但從如此簡單的開始，到無數最美麗、最奇妙的形式，已經、並正在演化中。」[3] 生物的演化具有開放的多樣性和新穎性，並缺乏可預測性，與非生物系統的演化方式形成鮮明對比。然而，生物學並不是混亂的：有許多例子中，也有「規則」在起作用，但這些規則大多是指生物體的資訊架構。以遺傳密碼為例：核苷酸三聯體中的「CGT」對應精胺酸（見表1）的代碼。儘管沒有已知的例外情況，但將其視為自然法則，例如固定的引力定律，則是錯誤的。幾乎可以肯定，CGT→精胺酸的分配很久以前就出現了，可能來自一些更早、更簡單的規則。生物學中充滿了這樣的案例；有些規則很普遍，例如孟德爾遺傳定律，其他規則更加嚴格。當我們思考演化史的偉大戲劇時，生命遊戲必須被視為會隨著時間而變化的準規則遊戲。

更重要的是，生物的規則通常取決於相關系統的**狀態**。為了闡明這個關鍵，讓我打個比方。國際象棋是一種有固定規則的遊戲。比賽的結果不是由規則決定，而是由選手決定。可能有很多各式各樣的棋局，但仔細觀察所有棋局就會發現，棋子在棋盤

---

* 原注：不可逆性的出現是因為波函數各分支的相位資訊已經被測量行為破壞了。

上移動時都遵循著相同的規則。現在想像一種不同類型的棋盤遊戲，我們稱之為「Chess-Plus」，其中的規則可以隨著遊戲的進展而改變。具體來說，為了與生命系統進行類比，規則可能會根據遊戲狀態改變。一個例子可能是這樣：「如果白棋獲勝，那麼黑棋的王之後可以每次移動兩個方格，而不是一個方格。」另一條是：「如果黑棋比白棋多兩個棋子，則白棋可以向前或向後移動棋子。」（這些都是愚蠢的建議，但一些不那麼激烈的例子可能會成為一種流行的遊戲。玩 Chess-Plus 遊戲，新手甚至可以擊敗國際象棋大師。）我剛才給出的兩個例子包含「規則變化的規則」或元規則；元規則本身是固定的，但這只是為了方便說明。元規則不必是固定的：它們可以遵循元規則之上的元元規則；或者為了避免無限後退，元規則可以隨機改變，也許透過拋硬幣來決定。在後一種情況下，Chess-plus 一方面會變成技巧性的遊戲，另一方面會變成機會性的遊戲。無論如何，Chess-plus 明顯會比傳統國際象棋更加複雜、更難預測，並且會導致遊戲的狀態（即棋盤上的棋子模式）無法透過遵循傳統的固定國際象棋規則來實現。我們在此看到了生物的影響：生命開啟了非生命系統無法進入的「可能性空間」（見第 30 頁）。

　　隨著狀態而改變自身功能的定律，就是自我指涉概念的一種概括：**系統會做什麼，取決於系統處於什麼狀態**。回想第三章，自我指涉的概念隨著圖靈和馮・諾伊曼的工作，成為通用計算和複製的核心。為了放寬「定律必須固定」的嚴格要求，並把自我指涉的概念納入考慮，我們需要一門全新的科學和數學分

支，而這門分支目前在很大程度上尚未被探索。伊利諾大學的物理學家戈登菲爾德（Nigel Goldenfeld）是少數認可此方法前景的理論家，他曾寫道，「自我指涉應當是正確理解演化論的一個重要組成部分，但很少被明確考慮到。」[4] 戈登菲爾德將生物學與凝態理論等物理學中的標準主題進行了對比，在這些理論中，「控制系統隨時間演化的規則，以及系統本身的狀態，這兩者之間有明確的劃分……控制解的方程式並不依賴方程式的解。然而，在生物中，情況完全不同。控制系統隨時間演化的規則被編碼在抽象概念中，其中最明顯的就是基因組本身。隨著系統不斷演化，基因組本身也會改變，控制規則也會跟著改變。從電腦科學的角度來看，人們會說物理世界可以視為由程式和數據這兩個不同組件來建模的；但在生物世界中，程式就是數據，反之亦然。」[5]

在第三章中，我描述了我的同事亞當斯和沃克所做的一個簡單嘗試，即將「與細胞自身狀態相關的自我指涉規則」融入細胞自動機中（見第 113 頁）。果然，她們的電腦模型呈現出開放式的多樣性，也就是我們視為與生命相關的關鍵特性。但這只是卡通故事，不需要太認真。為了使她們的分析具有現實意義，有必要將「與系統狀態相關的自我指涉規則」應用在現實複雜物理系統中的資訊模式上。這還沒有實現——我在這裡把它作為一個挑戰提出。[6] 由此產生的規則將不同於傳統的物理定律，它應用於系統層次，而不是單一的組成部分（例如粒子），這是由上而下的因果關係的例子。[7] 為了與我們已經瞭解和喜愛的物理定律相容，

粒子層次的任何影響都必須很小，否則我們早就注意到它們了。但這並不是什麼障礙；由於大多數的分子系統本質上是混亂的，因此不顯眼的微小變化也能夠累積並產生非常深遠的影響。在物理定律的底層，有足夠的空間讓新物理以迄今未被發現的方式運作，而且事實上，無論如何，要在單一分子的層次上檢測這種運作方式，都是非常困難的。但是，在整個系統內的資訊流中，來自許多微小而分散的影響所累積的衝擊可能會是最明顯卻很難解釋的，因為其底層的因果機制被忽視了。

複雜系統的行為中可能隱藏著新的定律，或至少是屬於系統的定律，這種可能性絕不是革命性的。幾十年前，人們發現在各種混沌系統中都隱藏著微妙的數學模式（這裡的「混沌」是指，即使非常精確地瞭解其中的力量和起始條件，這種系統仍然無法預測，天氣就是一個典型的例子）。物理學家已經開始討論「混沌中的普遍性」——我在這裡提出的是資訊組織的普遍性，期望在某些複雜系統中可以找到共同的資訊模式，至少是可以描繪生物體特徵的部分模式。

講到這麼多理論，也僅僅觸及了這些新觀念的表面。實驗的前景如何？在這裡，我們遇到了生物學複雜性的問題。如果我所提出的新的取決於資訊狀態的定律，只在活物質中發揮作用，那麼它就只是活力論的另一個版本。統一物理學和生物學的理論的最終目的，就是要消除它們之間的隔閡，在這種情況下，新的資訊定律可能會從生物世界滲透到非生物世界中。幾十年前，阿拉巴馬州的生物化學家福克斯（Sydney Fox）聲稱發現了這種效應；

他畢生都致力於研究生命的起源。福克斯發表的實驗證據顯示，當氨基酸組裝成鏈（稱為胜肽）時，它們會偏好那些能形成有生物用途的分子（即蛋白質）的組合。他寫道：「氨基酸決定了自己的凝結順序。」[8] 如果這是真的，那麼這一說法將證明化學定律以某種方式有利於生命，就好像它們事先知道一樣。更引人注目的是賓州州立大學的斯坦曼（Gary Steinman）和柯爾（Marian Cole）的說法，他們也報告了非隨機胜肽的形成，他們寫道：「這些結果引發了人們的猜測，即獨特的、生物相關的胜肽序列，可能是在生命起源前產生的」。[9]

「化學被巧妙地操縱以有利於生命的存在」這樣的說法被廣泛駁斥，事實上，福克斯和其他人提出的說法幾乎不可信，因為它涉及分子對之間的優先結合，這個過程在量子力學架構內很容易解釋。但如果從資訊角度研究分子的組織，情況就可能會有所不同。[10]

如果我們正確地制定出「取決於系統資訊狀態的定律」的候補原理，它們可能會顯示系統以某種方式進行自我組織，以放大其資訊處理能力，或導致整合資訊的「不合理」累積。最近發現，在某些情況下，就因果力而言，「宏觀勝過微觀」（見第263頁）開啟了一種可能性，指出高階資訊處理模組的自發性組織，可能成為複雜系統中的普遍趨勢。相較於化學的複雜性，從資訊組織的角度來看，從非生命到生命的途徑可能要短得多。這將極大地促進對生命第二次起源的探索。*

在這本書中，我描繪了一個新興的科學領域。在我寫這篇文

章的時候，幾乎每天都會有一篇論文發表，或是宣布一個新的實驗結果，並對資訊物理學及其在生命的故事中的作用產生直接影響。然而，這個領域尚處於起步階段，許多問題仍未得到解答。如果有新的物理定律在起作用——資訊定律，其中可能涉及取決於系統資訊狀態的定律和由上而下的因果關係——我們如何將它們與已知的物理定律結合？這些新的定律在形式上是否具有確定性，或者像量子力學一樣，包含偶然因素？問題是，量子力學與它們有關嗎？它確實在生命中發揮著不可或缺的作用嗎？除了這些難以估量的問題之外，還有生命起源的問題。生命的訊息模式最初是如何產生的？宇宙中任何新事物的出現，總是來自各種定律和初始條件的混合。我們根本不知道生物資訊最初出現的必要條件，或者一旦生命開始出現，天擇相對於資訊定律或其他組織原則會對複雜系統的運作發揮多大的作用。這一切都必須解決。

有些人會反對將我所闡明的資訊原則以「定律」這個詞來描述，認為這太高估它了。雖然大多數科學家樂於將資訊模式視為有實際用途的事物，但化約論者堅持認為，這僅僅是一種方法論的權宜——原則上，所有這些「情境」都可以歸結為基本粒子和物理定律，從而被定義為不存在。我們被警告「它們並不真正存在」，它們只存在我們自己的想像中。儘管化約論者可能會承

---

* 原注：許多科學家（包括德·杜夫）支持宇宙必然性的觀點，但不認為需要新的定律或原則來加速生命的起源。他們訴諸已知化學定律的普遍性，並避免陷入某種自我本位主義：為什麼我們／地球如此特殊？這聽起來有點一廂情願。我完全懷疑已知的化學是否包含生命原理，因為已知的化學並沒有在分子和資訊之間提供概念上的橋梁。

認複雜系統中「突現」了某些規則；但他們也會堅稱，這些規則並不享有（所有系統皆遵循的）物理定律那樣的基本地位。化約論的論點無疑是強而有力的，但它依賴於對物理定律本質的一個主要假設。目前我們對物理定律的理解方式導致物理系統的分層，其中物理定律處於概念層面的底層，而新興定律則堆疊在它們之上。各層之間並無耦合。當涉及到生命系統時，這種分層並不合適；因為在生物中，不同層次之間、不同規模和複雜程度的過程之間，通常存在彼此耦合的現象：因果關係可以是由下而上的（從基因到生物體），也可以是由上而下的（從生物體到基因）。正如我所論證的，為了將生命納入物理定律的範圍，並為資訊作為基本實體的事實提供堅實的基礎，需要對物理定律的本質進行徹底的重新評估。[11]

如果你認為這些神祕的討論只對少數科學家、哲學家和數學家來說是重要的，那你就錯了。它們不僅對解釋生命有深遠的影響，也對人類存在的本質、以及我們在宇宙中的地位具有深遠的影響。在達爾文之前，人們普遍相信上帝創造了生命；今天，大多數人都接受生命源自於大自然。儘管科學家無法完整解釋生命如何從非生命中誕生，但如果以一次性的奇蹟來解釋，就會陷入「空隙裡的上帝」（God of the gaps）*的陷阱。這意味著有一個宇宙魔法師會偶爾出手干預，不時移動一下分子，但大多數時候還是讓它們遵守固定的定律。誠然，在「自然主義」（naturalistic）

---

* 譯注：指有神論者無法提出可行的科學理論，而只是簡單地用「上帝創造的」來作為解釋。

一詞的廣泛範圍內存在著許多非常不同的哲學（甚至神學）意義。其中有兩個關於生命起源截然不同的觀點，一個是莫諾倡導的統計僥倖假說，另一個是德·杜夫的宇宙必然性假說。莫諾利用生命的無常來支持他的虛無主義哲學：「古老的契約已支離破碎，」他沮喪地寫道，「（人類的）命運沒有明確說明，他的責任也沒有明確說明。無論是天上的王國，還是地下的黑暗，都由他來選擇……宇宙並未孕育生命，生物圈也並未孕育人類。」[12] 德·杜夫回應莫諾的悲觀想法寫道：「你錯了。它們有。」[13] 並著手發展他所謂的「有意義的宇宙」觀點。歸根結底，問題就是：生命是否符合物理定律？這些定律是否神奇地嵌入未來將出現的生物設計中？沒有任何證據顯示已知的物理定律有利於生命的存在；他們是「生盲」。但是，我在這裡推測的那種取決於系統狀態的新資訊定律又如何呢？我的直覺是，它們不會具體到預示著生物本身，但它們可能支持更廣泛的複雜資訊管理系統，而我們所知的生命將是其中一個引人注目的代表。宇宙法則可能從本質上以這種普遍的方式對生物友好，這種想法真是令人鼓舞。

　　這些推測性的想法與能夠施行魔法、用塵土創造生命的神靈相去甚遠。但是，如果生命和心靈的出現確實被銘刻在自然的底層定律之中，這將賦予我們作為有生命、有思想的生物存在一種宇宙層次的意義。

　　這將是一個讓我們真正感到賓至如歸的宇宙。

延伸閱讀
Further Reading

第一章　生命是什麼？

Anthony Aguirre, Brendan Foster and Zeeya Merali (eds.), *Wandering towards a Goal: How Can Mindless Mathematical Laws Give Rise to Aims and Intention?* (Springer, 2018)

Philip Ball, 'How life (and death) spring from disorder', *Quanta*, 25 January 2017; https://www.quantamagazine.org/ the-computational-foundation-of-life-20170126/

Steven Benner, *Life, the Universe and the Scientific Method* (The FfAME Press, 2009)

Paul Davies and Niels Gregersen (eds.), *Information and the Nature of Reality: From Physics to Metaphysics* (Cambridge University Press, 2010)

Nick Lane, *The Vital Question: Energy, Evolution and the Origins of Complex Life* (Norton, 2015)

Ilya Prigogine and Isabelle Stengers, *Order out of Chaos* (Heinemann, 1984)

Erwin Schrodinger, *What is Life?* (Cambridge University Press, 1944; Cantoedn, 2012)

Sara Walker, Paul Davies and George Ellis (eds.), *From Matter to Life: Information and Causality* (Cambridge University Press, 2017)

第二章　進入惡魔之身

Derek Abbott, 'Asymmetry and disorder: a decade of Parrondo's paradox', *Fluctuation and Noise Letters*, vol. 9, no. 1, 129-56(2010)

R. Dean Astumian and Imre Derenyi, 'Fluctuation driven transport and models of molecular motors and pumps', *European Biophysics Journal*, vol. 27, 474-89(1998)

Peter Atkins, *The Laws of Thermodynamics: A Very Short Introduction*(Oxford University Press, 2010),'Bacteria replicate close to the physical limit of efficiency', *Nature*, 20 September 2012; http://www.nature.com/news/bacteria-replicate-close-to-the-physical-limit-of-efficiency-1.11446

Charles H. Bennett, 'Notes on Landauer's principle, reversible computation and Maxwell's Demon', *Studies in History and Philosophy of Modern Physics*, vol. 34, 501-510(2003)

Philippe M. Binder and Antoine Danchin, 'Life's demons: information and order in biology', *European Molecular Biology Organization (EMBO) Reports*, vol. 12, no. 6, 495-9(2011)

S. Chen et al., 'Structural diversity of bacterial flagellar motors', *EMBO Journal*, 30 (14), 2972-81 (2011); doi: http://dx.doi.org/10.1038/emboj.2011.186

Kensaku Chida et al., 'Power generator driven by Maxwell's demon', *Nature Communications*, 8:15301 (2017)

Nathanael Cottet et al., 'Observing a quantum Maxwell demon at work', *Proceedings of the National Academy of Sciences*, vol. 114, no. 29, 7561-4(2017)

Alexander R. Dunn and Andrew Price, 'Energetics and forces in living cells', *Physics Today*, vol. 68, no. 2, 27-32(2015)

George Dyson, *Turing's Cathedral: The Origins of the Digital Universe*(Vintage, 2012)

Lin Edwards, 'Maxwell's demon demonstration turns information into energy', *PhysOrg.com*, 15 November 2010; https://phys.org/news/ 2010-11-maxwell-demon-energy.html

Ian Ford, 'Maxwell's demon and the management of ignorance in stochastic thermodynamics', *Contemporary Physics*, vol. 57, no. 3, 309-30(2016)

Jennifer Frazer, 'Bacterial motors come in a dizzying array of models', *Scientific American*, 16 December 2014

Gregory P. Harmer et al., 'Brownian ratchets and Parrondo's games', *Chaos*, 11, 705 (2001); doi: 10.1063/1.1395623

Peter Hoffman, *Life's Ratchet* (Basic Books, 2012)

Peter M. Hoffmann, 'How molecular motors extract order from chaos', *Reports on Progress in Physics*, vol. 79, 032601 (2016)

William Lanouette and Bela Silard, *Genius in the Shadows: A Biography of Leo Szilard*, *the Man behind the Bomb* (University of Chicago Press, 1994)

C. H. Lineweaver, P. C. W. Davies and M. Ruse (eds.), *Complexity and the Arrow of Time* (Cambridge University Press, 2013)

Norman MacRae, *John von Neumann: The Scientific Genius Who Pioneered the Modern Computer, Game Theory, Nuclear Deterrence, and Much More* (American Mathematical Society; 2nd edn, 1999)

J. P. S. Peterson et al., 'Experimental demonstration of information to energy conversion in a quantum system at the Landauer limit', *Proceedings of The Royal Society A*, vol. 472, issue 2188 (2016): 20150813

Takahiro Sagawa, 'Thermodynamic and logical reversibilities revisited', *Journal of Statistical Mechanics* (2014); doi: 10.1088/ 1742-5468/2014/03/P03025

Jimmy Soni and Rob Goodman, *A Mind at Play: How Claude Shannon Invented the Information Age* (Simon and Schuster, 2017)

第三章　生命的邏輯

Gregory Chaitin, *The Unknowable: Discrete Mathematics and Theoretical Computer Science* (Springer, 1999)

Peter Csermely, 'The wisdom of networks: a general adaptation and learning mechanism of complex systems', *BioEssays*, 1700150 (2017)

Deborah Gordon, *Ants at Work: How an Insect Society is Organized* (Free Press, 2011)

Andrew Hodges, *Alan Turing: The Enigma: The Book that Inspired the Film 'The Imitation Game'* (Princeton University Press, 2014)

Janna Levin, *A Madman Dreams of Turing Machines* (Knopf, 2006)

Denis Noble, *Dance to the Tune of Life: Biological Relativity* (Cambridge University Press, 2017)

G. Longo et al., 'Is information a proper observable for biological organization?', *Progress in Biophysics and Molecular Biology*, vol. 109, 108-14(2012)

Paul Rendell, *Turing Machine Universality of the Game of Life: Emergence, Complexity and Computation* (Springer, 2015)

Stephen Wolfram, *A New Kind of Science* (Wolfram Media, 2002)

Hubert Yockey, *Information Theory, Evolution and the Origin of Life* (Cambridge

University Press, 2005)

第四章　達爾文主義 2.0

Nessa Carey, *The Epigenetics Revolution: How Modern Biology is Rewriting Our Understanding of Genetics, Disease and Inheritance* (Columbia University Press, 2013)

Richard Dawkins, *The Selfish Gene* (Oxford University Press, 1976)

Daniel Dennett, *Darwin's Dangerous Idea: Evolution and the Meaning of Life* (Simon and Schuster, 1995)

Robin Hesketh, *Introduction to Cancer Biology* (Cambridge University Press, 2013)

Eva Jablonka and Marion Lamb, *Evolution in Four Dimensions* (MIT Press, 2005)

George Johnson, *The Cancer Chronicles: Unlocking Medicine's Deepest Mystery* (Vintage, 2014)

Stuart Kauffman, *The Origin of Order: Self-organization and Selection in Evolution* (Oxford University Press, 1993)

Lewis J. Kleinsmith, *Principles of Cancer Biology* (Pearson, 2005)

Matthew Niteki (ed.), *Evolutionary Innovations* (University of Chicago Press, 1990)

Massimo Pigliucci and Gerd B. Muller (eds.), *Evolution, the Extended Synthesis* (MIT Press, 2010)

Trygve Tollefsbol (ed.), *Handbook of Epigenetics* (Academic Press, 2011)

Andreas Wagner, *Arrival of the Fittest* (Current, 2014)

Robert A. Weinberg, *The Biology of Cancer* (Garland Science, 2007)

Edward Wilson, *The Meaning of Human Existence* (Liveright, 2015)

第五章　幽靈般的生活和量子惡魔

Derek Abbott, Paul Davies and Arun Patti (eds.), *Quantum Aspects of Life* (Imperial College Press, 2008)

Richard Feynman, 'Simulating physics with computers', *International Journal of Theoretical Physics*, vol. 21, nos. 6/7 (1982)

Johnjoe McFadden and Jim Al-Khalili, *Life on the Edge: The Coming of Age of Quantum*

Biology (Bantam Press, 2014)

Masoud Mohseni, Yasser Omar, Gregory S. Engel and Martin B. Plenio(eds.), *Quantum Effects in Biology* (Cambridge University Press, 2014)

Leonard Susskind and Art Friedman, *Quantum Mechanics: The Theoretical Minimum* (Basic Books, 2015)

Peter G. Wolynes, 'Some quantum weirdness in physiology', *PNAS*, vol. 106, no. 41, 17247-8 (13 October 2009)

第六章　幾乎是個奇蹟

A. G. Cairns-Smith, *Seven Clues to the Origin of Life: A Scientific Detective Story* (Cambridge University Press, 1985)

Matthew Cobb, *Life's Greatest Secret: The Race to Crack the Genetic Code* (Basic Books, 2015)

Paul Davies, *The Fifth Miracle: The Search for the Origin of Life* (Allen Lane, 1998)

Christian de Duve, *Vital Dust: The Origin and Evolution of Life on Earth* (Basic Books, 1995)

Freeman Dyson, *Origins of Life* (Cambridge University Press; 2nd edn, 1999)

Pier Luigi Luisi, *The Emergence of Life: From Chemical Origins to Synthetic Biology* (Cambridge University Press; 2nd edn, 2016)

Eric Smith and Harold Morowitz, *The Origin and Nature of Life on Earth* (Cambridge University Press, 2016)

Sara Walker and George Cody, 'Re-conceptualizing the origins of life', *Philosophical Transactions of The Royal Society* (theme issue), vol. 375, issue 2109 (2017)

Woodruff T. Sullivan III and John A. Baross (eds.), *Planets and Life* (Cambridge University Press, 2007)

第七章　機器裡的幽靈

David Chalmers, *The Conscious Mind: In Search of a Fundamental Theory* (Oxford University Press; rev. edn, 1997)

Daniel Dennett, *Consciousness Explained* (Little Brown, 1991)

George Ellis, *How Can Physics Underlie the Mind? Top-down Causation in the Human Context* (Springer, 2016)

Douglas R. Hofstadter and Daniel C. Dennett, *The Mind's I: Fantasies and Reflections on Self and Soul* (Basic Books, 2001)

Arthur Koestler, *The Ghost in the Machine* (Hutchinson, 1967)

Nancey Murphy, George F. R. Ellis and Timothy O'Connor (eds.), *Downward Causation and the Neurobiology of Free Will* (Springer, 2009)

Roger Penrose, *The Emperor's New Mind: Concerning Computers, Minds and the Laws of Physics* (Oxford University Press, 1989)

Bruce Rosenblum and Fred Kuttner, *Quantum Enigma: Physics Encounters Consciousness* (Oxford University Press; 2nd edn, 2011)

注釋
Notes

第一章　生命是什麼？

1. Erwin Schrodinger, *What Is Life?* (Cambridge University Press, 1944) p. 23.
2. Charles Darwin, *On the Origin of Species* (John Murray; 2nd edn, 1860) p. 490.
3. David Deutsch, *The Beginning of Infinity: Explanations that Transform the World* (Penguin, 2011).
4. S. I. Walker, 'The Descent of Math', in: A. Aguirre, B. Foster and Z. Merali (eds.), *Trick of Truth: The Mysterious Connection between Physics and Mathematics* (Springer, 2016).
5. Richard Dawkins, *Climbing Mount Improbable* (Norton, 1996).
6. Eric Smith and Harold Morowitz, *The Origin and Nature of Life on Earth* (Cambridge University Press, 2016).
7. Bernd-Olaf Kuppers, 'The nucleation of semantic information in prebiotic matter', in: E. Domingo and P. Schuster (eds.), *Quasispecies: From Theory to Experimental Systems. Current Topics in Microbiology and Immunology*, vol. 392: 23–42. See also Carlo Rovelli, 'Meaning and Intentionality = Information + Evolution', in *Wandering towards a Goal* (Springer, 2018), pp. 17–27.
8. Eric Smith, 'Chemical Carnot Cycles, Landauer's Principle and the Thermodynamics of Natural Selection', Talk/Lecture, Bariloche Complex Systems Summer School (2008).

第二章　進入惡魔之身

1. Peter Hoffman, *Life's Ratchet* (Basic Books, 2012), p. 136.

2 Claude Shannon, *The Mathematical Theory of Communication* (University of Illinois Press, 1949).
3 Christoph Adami, 'What is information?' *Philosophical Transactions of The Royal Society*, A 374: 20150230 (2016).
4 Leo Szilard, 'On the decrease of entropy in a thermodynamic system by the intervention of intelligent beings', *Zeitschrift fur Physik*, 53, 840–56(1929).
5 出處:「終極筆記型電腦」一詞是勞埃德（Seth Lloyd）在分析宇宙中最高效的電腦時創造的。請參閱 https://www.edge.org/conversation/seth_lloyd-how-fast-how-small-and-how-powerful。
6 出處：此事仍存在一些微妙之處。有人認為，在特殊情況下可能有辦法繞過蘭道爾極限。參見 O. J. E. Maroney，'Generalizing Landauer's principle', *Physical Review*, E 79, 031105 (2009)。在某些情況下，邏輯不可逆性與熱力學不可逆性並不一致。
7 Rolf Landauer, 'Irreversibility and heat generation in the computing process', *IBM Journal of Research and Development*, 5 (3): 183–91; doi: 10.1147/rd.53.0183 (1961).
8 Charles Bennett and Rolf Landauer, 'The fundamental physics limits of computation', *Scientific American*, vol. 253, issue 1, 48–56(July 1985).
9 Alexander Boyd and James Crutchfield, 'Maxwell demon dynamics: deterministic chaos, the Szilard map, and the intelligence of thermodynamic systems', *Physical Review Letters*, 116, 190601 (2016).
10 Z. Lu, D. Mandal and C. Jarzynski, 'Engineering Maxwell's demon', *Physics Today*, vol. 67, no. 8, 60–61(2014).
11 https://www.youtube.com/watch?v=00TyIShzR6o
12 RPT Z. Lu, D. Mandal and C. Jarzynski, 'Engineering Maxwell'sdemon', *Physics Today*, vol. 67, no. 8, 60–61(2014).
13 RPT Ibid.
14 Douglas Adams, *The Hitchhiker's Guide to the Galaxy* (Del Ray, 1995).
15 Katharine Sanderson, 'A demon of a device', *Nature*, 31 January 2007; doi: 10.1038/ news070129-10.
16 Viviana Serreli et al., 'A molecular information ratchet', *Nature*, vol. 445, 523–7(2007).

17 Stephen Battersby, 'Summon a "demon" to turn information into energy', *New Scientist Daily News*, 15 November 2010.
18 J. V. Koski et al., 'On-chip Maxwell's demon as an information-powered refrigerator', *Physical Review Letters*, 115, 260602 (2015).
19 Christoph Adami, as quoted in 'The Information Theory of Life', by Kevin Hartnett, *Quanta* (19 November, 2015).
20 Kazuhiko Kinosita, Ryohei Yasuda and Hiroyuki Noji, 'F1-ATPase: a highly efficient rotary ATP machine', *Essays in Biochemistry*, vol. 35, 3–18(2000).
21 Anita Goel, R. Dean Astumian and Dudley Herschbach, 'Tuning and switching a DNA polymerase motor with mechanical tension', *Proceedings of the National Academy of Sciences*, vol. 100, no. 17, 9699–704(2003).
22 https://www.youtube.com/watch?v= y-uuk4Pr2i8.
23 Jeremy England, 'Statistical physics of self-replication',*Journal ofChemical Physics*, vol. 139, 121923, 1–8(2013).
24 Rob Phillips and Stephen Quake, 'The biological frontier of physics', *Physics Today*, vol. 59, 38–43(May 2006).
25 Andreas Wagner, 'From bit to it: how a complex metabolic network transforms information into living matter', *BMC Systems Biology* ; doi: 10.1186/ 1752-0509-1-33(2007).
26 出處：這包括貝業斯推論。See David Spivak and Matt Thomson, 'Environmental statistics and optimal regulation', *PLoS Computa- tional Biology*, vol. 10, No. 10 e 1003978 (2014).
27 請參閱，Peter Hoffman *Life's Ratchet* (Basic Books, 2012), pp. 159–162.
28 關於費曼本人的解釋，請參閱 Lecture 46 of his Caltech series: http://www.feynmanlectures.caltech.edu.

第三章　生命的邏輯

1 'What is life?: an interview with Gregory Chaitin', *Admin* : http://www.philosophytogo.org/wordpress/?p=1868 (18 December 2010).
2 Alan Turing, 'On computable numbers, with an application to the Entscheidungsproblem', *Proceedings of the London Mathematical Society*, Ser. 2,

vol. 42 (1937). See also http://www.turingarchive.org/browse.php/b/12.
3. RPT Ibid.
4. George F. R. Ellis, Denis Noble and Timothy O'Connor, 'Top- down causation: an integrating theme within and across the sciences?', *Royal Society Interface Focus* (2012).
5. 出處：John L. Casti, 'Chaos, Gödel and Truth', in: J. L. Casti and A. Karlqvist (eds.), *Beyond Belief: Randomness, Prediction and Explanation in Science* (CRC Press, 1991); M. Prokopenko et al., 'Self-referential basis of undecidable dynamics: from The Liar Paradox and The Halting Problem to The Edge of Chaos', arXiv:1711.02456 (2017). 請注意，如果系統是有限狀態機械，它顯然只會產生有限的新穎性。無限數組不會有這個限制。
6. J. T. Lizier and M. Prokopenko, 'Differentiating information transfer and causal effect', *European Physical Journal B*, vol. 73, no. 4, 605–15(2010); doi: 10.1140/epjb/ e2010-00034-5.
7. Alyssa Adams at al., 'Formal definitions of unbounded evolution and innovation reveal universal mechanisms for open-ended evolution in dynamical systems', *Scientific Reports (Nature)*, vol. 7, 997–1012(2017).
8. Richard Dawkins, *The Selfish Gene* (Oxford University Press, 1976).
9. Y. Lazenbik, 'Can a biologist fix a radio? Or, what I learned while studying apoptosis', *Biochemistry* (Moscow), vol. 69, no. 12, 1403–6(2004).
10. Paul Nurse, 'Life, logic and information', *Nature*, vol. 254, 424–6(2008).
11. Uri Alon, *An Introduction to Systems Biology: Design Principles of Biological Circuits* (Chapman and Hall, 2006).
12. 有些人感到不解，像人類這樣複雜的系統怎麼會只是區區二萬個基因的產物──二萬個基因是否包含足夠的訊息？沒有。但考慮到一個基因可以處於兩種狀態中的一種，理論上就有 2^{20000} 種（約 10^{6000} 種）可能的基因表現組合，這個數字遠遠大於宇宙中所有的訊息位元（微不足道的 10^{123}），更不用說人類了。從這個角度來看，可用的位元太多了。
13. RPT Uri Alon, *An Introduction to Systems Biology: Design Principles of Biological Circuits* (Chapman and Hall, 2006).
14. RPT Ibid.
15. Benjamin H. Weinberg at al., 'Large-scale design of robust genetic circuits with

multiple inputs and outputs for mammalian cells Benjamin', *Nature Biotechnology*, vol. 35, 453–62(2017).
16. Hideki Kobayashi et al., 'Programmable cells: interfacing natural and engineered gene networks', *Proceedings of the National Academy of Sciences*, 8414–19; doi: 10.1073/pnas.0402940101 (2017).
17. 出處：人們對鼓勵教育和推廣也表現出濃厚的興趣：國際基因工程機器競賽讓本科生和高中生設計自己的合成生物電路。
18. Maria I. Davidich and Stefan Bornholdt, 'Boolean network model predicts cell cycle sequence of fission yeast', *PLoS ONE*, 27 February 2008: https://doi.org/10.1371/journal.pone.0001672.
19. Hyunju Kim, Paul Davies and Sara Imari Walker, 'New scaling relation for information transfer in biological networks', *Journal of the Royal Society Interface 12* (113), 20150944 (2015); doi: 10.1098/rsif.2015.0944.
20. Richard Feynman and Ralph Leighton, *Surely You're Joking, Mr. Feynman!* (Norton, 1985). See also https://www.youtube.com/watch?v=nmEoL5C7ths.
21. Uzi Harush and Baruch Barzel, 'Dynamic patterns of information flow in complex networks', *Nature Communications* (2017); doi: 10.1038/s41467-017-01916-3.22. RPT Paul Nurse, 'Life, logic and information', *Nature*, vol. 254, 424–6(2008).

第四章　達爾文主義 2.0

1. Theodosius Dobzhansky, 'Nothing in biology makes sense except in the light of evolution', *American Biology Teacher*, 35 (3): 125–9(March 1973).
2. 出處：有關演化如何選擇惡魔訊息處理效率的詳細通俗解釋，請參閱 *The Touchstone of Life* by Werner Loewenstein (Oxford University Press, 1999), Ch. 6
3. Eva Jablonka, *Evolution in Four Dimensions* (MIT Press, 2005), p. 1.
4. https://www.theregister.co.uk/2017/06/14/flatworm_sent_to_space_returns_2_headed/.
5. J. Morokuma et al., 'Planarian regeneration in space: persistent anatomical, behavioral and bacteriological changes induced by space travel', *Regeneration*, vol.

4, 85–102 (2017). https://doi.org/10.1002/reg2.79.

6   Michael Levin, 'The wisdom of the body: future techniques and approaches to morphogenetic fields in regenerative medicine, developmental biology and cancer', *Regenerative Medicine*, 6 (6), 667–673(2011).

7   RPT Michael Levin, 'The wisdom of the body: future techniques and approaches to morphogenetic fields in regenerative medicine, developmental biology and cancer', *Regenerative Medicine*, 6 (6), 667–73(2011).

8   出處：最近的實驗證明，一系列基因可能會根據細胞周圍環境的形狀而被活化。這是透過將人類幹細胞放入微小的圓柱體、立方體、三角形等中來證明的。See Min Bao et al., '3D microniches reveal the importance of cell size and shape', *Nature Communications,* vol. 18, 1962 (2017).

9   S. Sarker at al., 'Discovery of spaceflight-regulated virulence mechanisms in salmonella and other microbial pathogens', *Gravitational and Space Biology*, 23 (2), 75–8(August 2010).

10 J. Barrila et al., 'Spaceflight modulates gene expression in astronauts', *Microgravity*, vol. 2, 16039 (2016).

11 Lynn Caporale, 'Chance favors the prepared genome', *Annals of the New York Academy of Sciences*, 870, 1–21(18 May 1999).

12 Andreas Wagner, *Arrival of the Fittest* (Current, 2014).

13 Krishnendu Chatterjee et al., 'The time scale of evolutionary innovation', *PLoS Computational Biology* (2014); https://doi.org/10.1371/journal.pcbi.1003818.

14 Cited by Susan Rosenberg in 'Does evolution evolve under pressure?'by Emily Singer, *Quanta* (17 January 2014); https://www.wired.com/2014/01/ evolution-evolves-under-pressure/.

15 T. Dobzhansky, 'The genetic basis of evolution', *Scientific American*, 182, 32–41(1950).

16 J. Cairns, J. Overbaugh and S. Miller, 'The origin of mutants', *Nature*, 335, 142–5(1988).

17 RPT J. Cairns, J. Overbaugh and S. Miller, 'The origin of mutants', *Nature*, 335, 142–5(1988).

18 Barbara Wright, 'A biochemical mechanism for nonrandom mutations and evolution', *Journal of Bacteriology*, vol. 182, no. 11, 2993–3001(2000)

19 Susan M. Rosenberg et al., 'Stress- induced mutation via DNA breaks in Escherichia coli: a molecular mechanism with implications for evolution and medicine', *Bioessays*, vol. 34, no. 10, 885–92(2012).

20 Eva Jablonka, *Evolution in Four Dimensions* (MIT Press, 2005), p. 101.

21 RPT Lynn Caporale, 'Chance favors the prepared genome', *Annals of the New York Academy of Sciences*, 870, 1–21(18 May 1999).

22 Barbara McClintock, 'The significance of responses of the genome to challenge', The Nobel Foundation (1984); http://nobelprize.org/nobel_prizes/medicine/laureates/1983/ mcclintock-lecture.pdf.

23 See, for example, Jurgen Brosius, 'The contribution of RNAs and retroposition to evolutionary novelties', *Genetica*, vol. 118, 99 (2003).

24 Andreas Wagner, *Arrival of the Fittest* (Current, 2014), p. 5.

25 RPT Ibid.

26 Kevin Laland, 'Evolution evolves', *New Scientist*, 42–5(24 September 2016).

27 Deborah Charlesworth, Nicholas H. Barton and Brian Charlesworth,'The sources of adaptive variation', *Proceedings of the Royal Society B*, vol. 284: 20162864 (2017).

28 D. Hanahan and R. A. Weinberg, 'The hallmarks of cancer', *Cell*, 100 (1): 57–70 (January 2000); doi: 10.1016/ S0092-8674(00) 81683-9, PMID 10647931; and 'Hallmarks of cancer: the next generation', *Cell*, 144 (5), 646–74(4 March 2011); doi: 10.1016/j.cell.2011.02.013.

29 C. Athena Aktipis et al., 'Cancer across the tree of life: cooperation and cheating in multicellularity', *Philosophical Transactions of The Royal Society B*, 370: 20140219 (2015); http://dx.doi.org/10.1098/rstb.2014.0219. 當然，並非所有物種都同樣容易受到癌症的影響。

30 Tomislav Domazet-Lošo et al., 'Naturally occurring tumours in the basal metazoan Hydra', *Nature Communications*, vol. 5, article number: 4222 (2014); doi: 10.1038/ncomms5222.

31 Paul C. W. Davies and Charles H. Lineweaver, 'Cancer tumours as Metazoa 1.0: tapping genes of ancient ancestors', *Physical Biology*, vol. 8, 015001–8(2011).

32 Tomislav Domazet-Lošo and Diethard Tautz, 'Phylostratigraphic tracking of cancer genes suggests a link to the emergence of multicellularity in metazoa',

BMC Biology, 20108:66 (2010); https://doi.org/10.1186/ 1741-7007-8-66.

33　Anna S. Trigos et al., 'Altered interactions between unicellular and multicellular genes drive hallmarks of transformation in a diverse range of solid tumors', *Proceedings of the National Academy of Sciences*, vol. 114, no. 24, 6406–6411(2017); doi: 10.1073/pnas.1617743114; see also Kimberly J. Bussey et al., 'Ancestral gene regulatory networks drive cancer', *Proceedings of the National Academy of Sciences*, vol. 114(24), 6160–2(2017).

34　Luis Cisneros et al., 'Ancient genes establish stress-induced mutation as a hallmark of cancer', *PLoS ONE* ; https://doi.org/10.1371/journal. pone.0176258 (2017).

35　Amy Wu et al., 'Ancient hot and cold genes and chemotherapy resistance emergence', *PNAS*, vol. 112, no. 33, 10467–72(2015).

36　George Johnson, 'A tumor, the embryo's evil twin', *The New York Times*, 17 March 2014.

第五章　幽靈般的生活和量子惡魔

1　Richard Feynman, 'Simulating physics with computers', *International Journal of Theoretical Physics*, vol. 21, 467–488(1982).

2　Harry B. Gray and Jay R. Winkler, 'Electron flow through metalloproteins', *Biochimica et Biophysica Acta*, 1797, 1563–72(2010).

3　Gabor Vattay at al., 'Quantum criticality at the origin of life', *Journal of Physics: Conference Series*, 626, 012023 (2015).

4　Ibid.

5　Gregory S. Engel et al., 'Evidence for wavelike energy transfer through quantum coherence in photosynthetic systems', *Nature*, vol. 446, 782–6(12 April 2007); doi: 10.1038/nature05678.

6　Patrick Rebentrost et al., 'Environment-assisted quantum transport', *New Journal of Physics*, 11 (3):033003 (2009).

7　Roswitha Wiltschko and Wolfgang Wiltschko, 'Sensing magnetic directions in birds: radical pair processes involving cryptochrome', *Biosensors*, 4, 221–42(2014).

8　RPT Ibid.

9　Thorsten Ritz et al., 'Resonance effects indicate a radical-pair mechanism for avian magnetic compass', *Nature*, 429, 177–180(13 May 2004); doi: 10.1038/nature02534.

10 Mark Anderson, 'Study bolsters quantum vibration scent theory', *Scientific American*, 28 January 2013; see also https://www.ted.com/talks/luca_turin_on_the_science_of_scent.

11 Scott Aaronson, 'Are quantum states exponentially long vectors?' *Proceedings of the Oberwolfach Meeting on Complexity Theory*, arXiv: quant-ph/0507242v1, accessed 8 March 2010.

12 出處：這裡的問題是，雜訊有多種類型，它們對量子系統的破壞作用可能非常不同。最近的計算發現了一種情況，其中某種形式的雜訊反而增強了量子傳輸效應。例如，請參閱 S. F. Huelga and M. B. Plenio, 'Vibrations, quanta and biology', *Contemporary Physics,* vol. 54, no. 4, 181–207 (2013); http://dx.doi.org/10.108 0/00405000.2013.829687.

13 Apoorva Patel, 'Quantum algorithms and the genetic code', *Pramana*, vol. 56, 365 (2001).

第六章　幾乎是個奇蹟

1 George Whitesides, 'The improbability of life', in: John D. Barrow et al., *Fitness of the Cosmos for Life: Biochemistry and Fine- tuning*, Cambridge University Press, 2004), p. xiii.

2 Stanley Miller, 'Production of amino acids under possible primitive Earth conditions', *Science*, vol. 117 (3046): 528–9(1953).

3 Francis Crick, *Life Itself: Its Origin and Nature* (Simon and Schuster, 1981), p. 133.

4 Charles Darwin 書於 1863 年 3 月 29 日寄給朋友 Joseph Dalton Hooker 的信。有關其歷史背景的論文請參閱 'Charles Darwin and the origin of life', in: Juli Pereto, Jeffrey L. Bada and Antonio Lazcano, *Origin of Life and Evolution of the Biosphere*, vol. 39, 395–406(2009).

5 J. William Schopfa et al., 'SIMS analyses of the oldest known assemblage of microfossils document their taxon-correlated isotope compositions'; www.pnas.org/cgi/doi/10.1073/pnas.1718063115.

6. Eugene V. Koonin and Artem S. Novozhilov, 'Origin and evolution of the genetic code: the universal enigma', *IUBMB Life*, February 2009; 61(2): 99–111(February 2009); doi: 10.1002/iub.146.
7. Jacques Monod, *Chance and Necessity* (trans. A Wainhouse: Alfred A. Knopf, 1971), p. 171.
8. George Simpson, 'On the nonprevalence of humanoids', *Science*, vol. 143, issue 3608, 769–75(21 February 1964).
9. Christian de Duve, *Vital Dust: The Origin and Evolution of Life on Earth* (Basic Books, 1995).
10. Mary Voytek, quoted in 'The world in 2076: We still haven't found alien life', by Bob Holmes, *New Scientist*, 16 November 2016.
11. Carl Sagan, 'The abundance of life-bearing planets', *Bioastronomy News*, vol. 7, 1–4(1995).
12. Erwin Schrodinger, *What is Life?* (Cambridge University Press, 1944), p. 00.
13. Paul C. W. Davies et al., 'Signatures of a shadow biosphere', *Astrobiology*, vol. 9, no. 2, 241–51(2009).
14. John Maynard-Smith and Eors Szathmary, *The Major Transitions of Evolution* (Oxford University Press, 1995).
15. Harold Morowitz and Eric Smith, *The Origin and Nature of Life on Earth: The Emergence of the Fourth Geosphere* (Cambridge University Press, 2016).

第七章　機器裡的幽靈

1. Werner Loewenstein, *Physics in Mind* (Basic Books, 2013), p. 21.
2. Erwin Schrodinger, *Mind and Matter* (Cambridge University Press, 1958).
3. Gilbert Ryle, *The Concept of Mind* (Hutchinson, 1949).
4. Alan Turing, 'Computing machines and intelligence', *Mind*, vol. 49: 433–60(1950).
5. Roger Penrose, *The Emperor's New Mind: Concerning Computers, Minds and the Laws of Physics* (Oxford University Press, 1989).
6. Fred Hoyle, *The Intelligent Universe* (Michael Joseph, 1983).
7. Albert Einstein, letter to widow of his friend Michel Besso, dated 21 March 1955.

8   Lewis Carroll, *Alice's Adventures in Wonderland* (1865).
9   還有其它稱為神經膠質細胞的細胞，它們的數量實際上比神經元還多。但我們還不完全清楚它們在大腦中扮演的角色。
10 案例請見 'Ion channels as Maxwell demons', in: Werner Loewenstein, *The Touchstone of Life* (Oxford University Press, 1999).
11 'Integrated information theory: from consciousness to its physical substrate', Giulio Tononi et al., *Perspectives*, vol. 17, 450 (2016).
12 Larissa Albantakis, 'A tale of two animats: what does it take to have goals?', FQXi prize essay (2016).
13 Masafumi Oizumi, Larissa Albantakis and Giulio Tononi, 'From the phenomenology to the mechanisms of consciousness: integrated information theory 3.0', *PLoS Computational Biology*, vol. 10, issue 5, e1003588 (May 2014).
14 Titus Lucretius Carus, *De rerum natura*, Book II, line 216.
15 Erik Hoel, 'Agent above, atom below: how agents causally emerge from their underlying microphysics', FQXi prize essay (2017). Published in Anthony Aguirre, Brendan Foster and Zeeya Merali (eds.), *Wandering towards a Goal: How Can Mindless Mathematical Laws Give Rise to Aims and Intention?* (Springer, 2018), pp. 63–76.
16 Roger Penrose, *The Emperor's New Mind: Concerning Computers, Minds and the Laws of Physics* (Oxford University Press, 1989).
17 RPT Roger Penrose, *The Emperor's New Mind: Concerning Computers, Minds and the Laws of Physics* (Oxford University Press, 1989).
18 George F. R. Ellis, Denis Noble and Timothy O'Connor, 'Top-down causation: an integrating theme within and across the sciences?', *Royal Society Interface Focus*, vol. 2, 1–3(2012).
19 出處：牛津大學的一群物理學家也提出了類似的建議。參見 Kobi Kremnizer and André Ranchin, 'Integrated information-induced quantum collapse', *Foundations of Physics*, vol. 45, issue 8, 889–99 (2015).
20 David Charmers, *The Character of Consciousness* (Oxford University Press, 2010)

結語

1. Albert Einstein, letter to Leo Szilard. See R. W. Clark, *Einstein: The Life and Times* (Avon, 1972).
2. Descartes, Rene, *Philosophical Essays and Correspondence*, ed. Roger Ariew (Hackett, 2000), pp. 28–9.
3. Charles Darwin, *On the Origin of Species* (John Murray; 1st edn, 1859) p. 490.
4. Nigel Goldenfeld and Carl Woese, 'Life is physics: evolution as a collective phenomenon far from equilibrium', *Annual Reviews of Condensed Matter Physics*, vol. 2, 375–99(2011).
5. RPT Nigel Goldenfeld and Carl Woese, 'Life is physics: evolution as a collective phenomenon far from equilibrium', *Annual Reviews of Condensed Matter Physics*, vol. 2, 375–99(2011).
6. 出處：其他評論者也提出了類似的觀點。例如，鮑爾（Philip Ball）寫道：「如果生物目的論和能動性背後存在某種物理學，那麼它就與似乎已成為基礎物理學核心的概念有關：資訊。」參閱 'How life (and death) spring from disorder', *Quanta,* 26 January 2017, p. 44.
7. RPT George F. R. Ellis, Denis Noble and Timothy O'Connor, 'Top-down causation: an integrating theme within and across the sciences?', *Royal Society Interface Focus*, vol. 2, 1–3(2012).
8. Sidney Fox, 'Pre- biotic roots of informed protein synthesis', in *Cosmic Beginnings and Human Ends*, eds. Clifford Matthews and Roy Abraham Varghese (Open Court, 1993), p. 91.
9. Gary Steinman and Marian Cole, 'Synthesis of biologically pertinent peptides under possible primordial conditions', *PNAS*, vol. 58, 735 (1976).
10. 出處：以下論文開始了這樣的探討：Ivo Grosse et al., 'Average mutual information of coding and noncoding DNA', *Pacific Symposium on Biocomputing*, vol. 5, 611–20 (2000), 其中寫道：「在這裡，我們研究是否存在與編碼和非編碼DNA不同的物種獨立的統計模式。我們引入了一個資訊理論量，即平均交互資訊（AMI，Average mutual information），我們發現AMI的機率分佈函數在編碼和非編碼DNA中存在顯著差異。」
11. 出處：還有一個更棘手的問題是，所有的定律究竟從何而來，這是我在《金髮女孩之謎》（*The Goldilocks Enigma*）中探討的話題。

12 Jacques Monod, *Chance and Necessity*, trans. A. Wainhouse (Vintage, 1971) p. 180.
13 Christian de Duve, *Vital Dust: The Origin and Evolution of Life on Earth* (Basic Books, 1995), p. 300.

鷹之眼 26

機器中的惡魔：
從薛丁格的提問到資訊創造生命

The Demon in the Machine: How Hidden Webs of Information Are Solving the Mystery of Life

作　　　者	保羅．戴維斯（Paul Davies）
譯　　　者	林麗雪

總　編　輯	成怡夏
責 任 編 輯	陳宜蓁
行 銷 總 監	蔡慧華
封 面 設 計	莊謹銘
內 頁 排 版	宸遠彩藝

出　　　版	遠足文化事業有限公司 鷹出版
發　　　行	遠足文化事業股份有限公司（讀書共和國出版集團）
	231 新北市新店區民權路 108 之 2 號 9 樓
客 服 信 箱	gusa0601@gmail.com
電　　　話	02-22181417
傳　　　真	02-86611891
客 服 專 線	0800-221029

法 律 顧 問	華洋法律事務所 蘇文生律師
印　　　刷	成陽印刷股份有限公司

初　　　版	2025 年 6 月
定　　　價	460 元
I S B N	978-626-7255-94-0
	978-626-7255-92-6 (EPUB)
	978-626-7255-93-3 (PDF)

Copyright © Paul Davies, 2019
First published as DEMON IN THE MACHINE in 2019 by Allen Lane, an imprint of Penguin Press. Penguin Press is part of the Penguin Random House group of companies.

◎版權所有，翻印必究。本書如有缺頁、破損、裝訂錯誤，請寄回更換
◎歡迎團體訂購，另有優惠。請電洽業務部（02）22181417 分機 1124
◎本書言論內容，不代表本公司／出版集團之立場或意見，文責由作者自行承擔

國家圖書館出版品預行編目 (CIP) 資料

機器中的惡魔：從薛丁格的提問到資訊創造生命 / 保羅．戴維斯 (Paul Davies) 作 ; 林麗雪譯 . -- 初版 . -- 新北市 : 鷹出版 : 遠足文化事業有限公司發行 , 2025.06
　面 ；　公分 . -- (鷹之眼 ; 26)
譯自 : The demon in the machine : how hidden webs of information are solving the mystery of life.
ISBN 978-626-7255-94-0(平裝)

1. 生命論

361.1　　　　　　　　　　　　　　　　　　　　　　　　114004203